口絵 1 単原子観察に成功した Crewe の走査透過電子顕微鏡 (STEM)（本文 p. 21, 図 2.6 参照）.

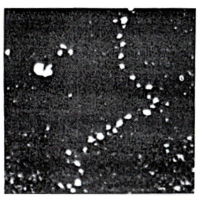

口絵 2 Crewe が世界で最初に撮影した DNA に付着したウラニウム単原子列の STEM 像 (1970). 横全幅 63 nm（本文 p. 24, 図 2.8 参照）.

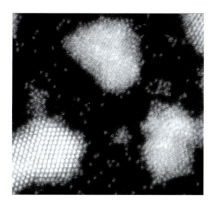

口絵 3 現代の高分解能 STEM で観察した燃料電池電極上の白金単原子の暗視野像（輝点）. 左下の白金微粒子の (111) 格子面の間隔は 0.226 nm. 黒色の背景は電極材料である非晶質炭素薄膜（本文 p. 26, 図 2.9 参照）.

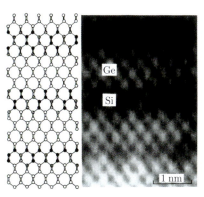

口絵 4 SiGe 多層結晶断面の円環状検出暗視野 STEM 像（本文 p. 27, 図 2.11 参照）.

口絵 5 シリコン (011) 結晶中のアンチモン不純物原子の像（輝点）．シリコン亜鈴の間隔は 0.135 nm（本文 p. 29, 図 2.13 参照）．

口絵 7 Ruska らが開発した世界初の透過電子顕微鏡 (TEM) のレプリカ（本文 p. 44, 図 3.5 参照）．

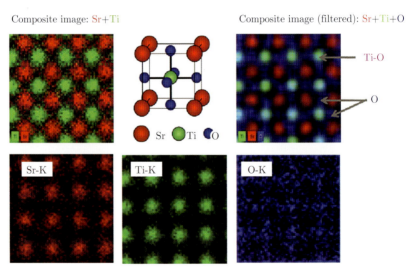

口絵 6 STEM-EDX による $SrTiO_3$ 単結晶の各元素のマッピング像．格子定数は 0.390 nm（本文 p. 32, 図 2.17 参照）．

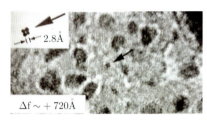

口絵 8 酸化ベリリウム単結晶膜中の金原子クラスターの高分解能 TEM 像 ($E = 100\,\mathrm{kV}$)（本文 p. 46, 図 3.6 参照）.

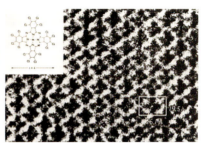

口絵 9 銅フタロシアニン結晶膜の高分解能 TEM 像 ($E = 100\,\mathrm{kV}$) と分子構造の模式図（左上）（本文 p. 48, 図 3.8 参照）.

口絵 10 名古屋大学で開発されたスピン偏極電子を使った TEM ($E = 30\sim40\,\mathrm{kV}$)（本文 p. 64, 図 4.1 参照）.

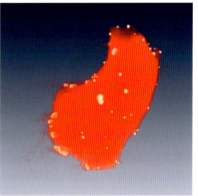

口絵 11 酸化チタン微粒子の 3 次元 STEM トモグラフィー像. 輝点は数 nm の大きさの触媒白金クラスター（本文 p. 103, 図 6.9 参照）.

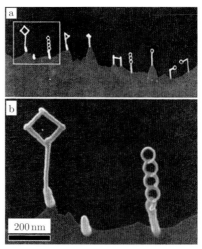

口絵 12 TEM のナノ電子プローブ機能を使った酸化マグネシウム (MgO) 薄膜への孔あけ（本文 p. 108, 図 7.2 参照）.

口絵 13 STEM の電子プローブとタングステン化合物ガスを用いたナノ構造体の作製（本文 p. 108, 図 7.3 参照）.

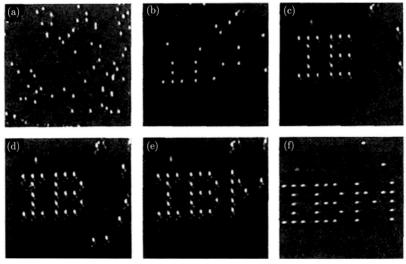

口絵 14 STM を使った冷却された銅表面上のキセノン原子の操作（文字書き）（本文 p. 109, 図 7.4 参照）.

Frontiers in Physics 20

# 走査透過電子顕微鏡の物理

田中信夫 [著]

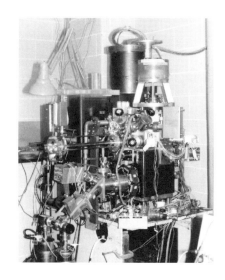

基本法則から読み解く **物理学最前線**

須藤彰三 [監修]
岡 真

20

共立出版

# 刊行の言葉

　近年の物理学は著しく発展しています．私たちの住む宇宙の歴史と構造の解明も進んできました．また，私たちの身近にある最先端の科学技術の多くは物理学によって基礎づけられています．このように，人類に夢を与え，社会の基盤を支えている最先端の物理学の研究内容は，高校・大学で学んだ物理の知識だけではすぐには理解できないのではないでしょうか．

　そこで本シリーズでは，大学初年度で学ぶ程度の物理の知識をもとに，基本法則から始めて，物理概念の発展を追いながら最新の研究成果を読み解きます．それぞれのテーマは研究成果が生まれる現場に立ち会って，新しい概念を創りだした最前線の研究者が丁寧に解説しています．日本語で書かれているので，初学者にも読みやすくなっています．

　はじめに，この研究で何を知りたいのかを明確に示してあります．つまり，執筆した研究者の興味，研究を行った動機，そして目的が書いてあります．そこには，発展の鍵となる新しい概念や実験技術があります．次に，基本法則から最前線の研究に至るまでの考え方の発展過程を "飛び石" のように各ステップを提示して，研究の流れがわかるようにしました．読者は，自分の学んだ基礎知識と結び付けながら研究の発展過程を追うことができます．それを基に，テーマとなっている研究内容を紹介しています．最後に，この研究がどのような人類の夢につながっていく可能性があるかをまとめています．

　私たちは，一歩一歩丁寧に概念を理解していけば，誰でも最前線の研究を理解することができると考えています．このシリーズは，大学入学から間もない学生には，「いま学んでいることがどのように発展していくのか？」という問いへの答えを示します．さらに，大学で基礎を学んだ大学院生・社会人には，「自分の興味や知識を発展して，最前線の研究テーマにおける "自然のしくみ" を理解するにはどのようにしたらよいのか？」という問いにも答えると考えます．

　物理の世界は奥が深く，また楽しいものです．読者の皆さまも本シリーズを通じてぜひ，その深遠なる世界を楽しんでください．

須藤彰三

岡　真

# まえがき

　本書は現代の透過電子顕微鏡法，特に最近発展の著しい走査透過電子顕微鏡 (scanning transmission electron microscope; STEM) の基礎と応用を，19世紀末から始まった原子物理学の進歩や光学の進展とともに記述したものです．予備的知識は高等学校で学習する物理学を仮定し，大学初年級の方々にも十分理解していただけるように説明を組み立てました．

　古来より人類は「遠くのものを見たい」，「星空の向こうはどうなっているのか？」，また小さい方では「微小昆虫や植物の観察」から始まって，「病原体やヒト組織の解明」，そして究極の微小体である「原子の観察」などにその興味と疑問を拡大してきました．

　このために17世紀に望遠鏡を発明し，一方，微小体の観察装置としては，虫眼鏡に始まり，光学顕微鏡，電子顕微鏡，走査プローブ顕微鏡，そしてX線顕微鏡などを順に開発してきました．その観察対象はついに100億分の一メートル（0.1 nm（ナノメーター）＝1Å（オングストローム））の単原子にまで到達したのです．

　現代の科学技術は，材料系，生物系を問わず，原子レベルで試料を観察することを求めています．例えば半導体中の不純物を，その量と存在場所について原子レベルで制御する必要があります．喫緊の課題としての自動車用燃料電池の実用化には，その炭素電極上のサブナノメーターの大きさの白金触媒微粒子の制御や，イオンの仲介役を担うナフィオン™などの高分子電解質膜の構造解析が求められています．またリチウム電池開発にも各種のリチウム化合物中の欠陥の観察が劣化現象との関連で必須とされています．

　バイオ系における最も重要な分子の1つであるDNAは直径2 nmの2重らせん構造であり，遺伝情報を保持している塩基性配列はサブnmの間隔で積層されていることがX線回折法や電子顕微鏡法ですでに確認されています．

　本書で扱う透過電子顕微鏡は1931年にドイツで開発されました．我が国で

も 1930 年代後半から大学や国立研究所を中心に研究が進められ，現在では研究と技術開発で世界をリードする国の 1 つとなっています．

21 世紀に入ってから，結像用の対物レンズの球面収差を補正する技術が実用化し，点分解能は 0.05 nm（= 50 pm（ピコメーター））以下になっています．

特に本書で話題にする走査透過電子顕微鏡 (STEM) の近年の発展は著しく，孤立単原子の観察，2 相界面の原子配列の可視化，結晶内原子の電子状態の計測，および結晶内原子の格子振動の研究など驚くべき成果が続々得られています．

その最新の成果を皆様に少しでも理解していただくために本書をまとめました．表現の不十分なところ，誤りのあるところを恐れますが，読者からもご意見やご指摘をいただければ幸いです．

最後に，本書を作成するにあたり丁寧な査読と数々のご助言をいただきました東北大学の須藤彰三先生に深謝いたします．また本書を著わすためには多くの研究者の成果のお世話になっています．個々のお名前は挙げることできませんが深くお礼を申しあげます．編集を手伝ってくださった秘書の三輪正代氏，西部慶子氏にも感謝の意を表します．

それでは皆さまを原子を見る世界に御案内いたしましょう．

2018 年 3 月　　　　　　　　　　　　　　　　　　　　　　　　　　田中信夫

# 目　次

## 第1章　はじめに　　　　　1

1.1　誰が原子を見たか？ . . . . . . . . . . . . . . . . . . . . . 　1
1.2　原子の 1/4 の大きさまで見えるようになった . . . . . . . . 　4
1.3　電子顕微鏡のナノ科学への貢献 —百聞は一見に如かず— . . . . 　6
1.4　顕微鏡と望遠鏡 —波を使ってのイメージング— . . . . . . . . 　9

## 第2章　原子を研究する人類　　　　　13

2.1　原子構造を研究するための以前の方法 . . . . . . . . . . . 　13
2.2　原子を直接見る 3 つの方法 . . . . . . . . . . . . . . . . 　18
2.3　走査透過電子顕微鏡 (STEM) による原子像および原子コラム像　23

## 第3章　顕微鏡像を得る 2 つの方法　　　　　35

3.1　像とは何か？ . . . . . . . . . . . . . . . . . . . . . . 　35
3.2　レンズの公式と凸レンズの役割 . . . . . . . . . . . . . . 　37
3.3　光学顕微鏡の発明 . . . . . . . . . . . . . . . . . . . . 　39
3.4　電子にとっての凸レンズと透過電子顕微鏡の発明 . . . . . . 　41
3.5　透過電子顕微鏡 (TEM) による単原子の観察 . . . . . . . . 　44
3.6　電子線走査による原子の結像 . . . . . . . . . . . . . . . 　49
　　3.6.1　テレビ像の送信と受信 . . . . . . . . . . . . . . . 　49
　　3.6.2　走査法による電子顕微鏡 . . . . . . . . . . . . . . 　50
3.7　細い電子ビームの作製法と走査法 . . . . . . . . . . . . . 　53

## vi 目次

|  | | |
|---|---|---|
| 3.7.1 | 凸レンズで絞る . . . . . . . . . . . . | 53 |
| 3.7.2 | 収差や焦点はずれによるボケ | 53 |
| 3.7.3 | STEM 用電子線プローブの輝度, 電子銃 | 54 |
| 3.7.4 | 電子ビームの走査法 . . . . . . . . . | 57 |
| 3.7.5 | フーリエ変換を使った収束と走査の記述 . . . . | 59 |
| 3.8 STEM の結像の実際 . . . . . . . . . . . . | | 60 |

## 第4章　粒子としての電子と波動としての電子　　63

4.1 電子の本性とその発生法 . . . . . . . . . . . 63

　4.1.1 電子とは . . . . . . . . . . . . . . 63

　4.1.2 電子の発生法 . . . . . . . . . . . . 64

4.2 粒子としての電子, 電流および電磁場中の電子の運動 . . . 67

4.3 波動としての電子, およびバイプリズムによる干渉縞 . . . . . 68

## 第5章　STEM の結像原理　　73

5.1 電子と試料との相互作用の基本的事項
　　―細い電子線が結晶に入ると― . . . . . . . 73

5.2 細く絞った電子線の数学的表現 . . . . . . . . . 74

5.3 試料の直下には投影図, そして遠方は回折図形 . . . . 75

　5.3.1 平面波を入れたときの電子回折図形 . . . . . . 75

　5.3.2 収束電子回折図形 . . . . . . . . . . 75

　5.3.3 重なった収束電子回折図形とその中に見られる干渉模様 76

　5.3.4 回折図形の任意の部分の強度を検出する
　　　　―ピクセル画像強度― . . . . . . . . 78

　5.3.5 STEM の結像理論 . . . . . . . . . . 79

## 第6章　STEM の各種結像モード　　87

6.1 結晶の原子コラム像 . . . . . . . . . . . . . 87

目次　vii

6.2　TEM 像 と STEM 像の間の相反定理
　　　—BF-STEM 像理解の基礎— . . . . . . . . . . . . . . . . . . 88

6.3　結晶中での電子線チャネリング現象
　　　—ADF-STEM 像理解の基礎— . . . . . . . . . . . . . . . . . 90

6.4　円環状検出明視野 (ABF)-STEM . . . . . . . . . . . . . . 91

6.5　STEM-EELS による電子状態解析 . . . . . . . . . . . . . 93

6.6　STEM-EDX による元素分析 . . . . . . . . . . . . . . . . . . 95

6.7　2 次電子による単原子像と原子コラム像 . . . . . . . . 95

6.8　微分位相コントラスト像とタイコグラフィー (ptychography) . . 96

6.9　STEM による 3 次元電子顕微鏡法 . . . . . . . . . . . . . . 98

# 第7章　STEM の実際の装置と応用　　105

7.1　装置 . . . . . . . . . . . . . . . . . . . . . . . . . . . . . . . . . . . . 105

7.2　原子像観察への応用 . . . . . . . . . . . . . . . . . . . . . . . . 106

7.3　ナノ加工，ナノ操作への応用 . . . . . . . . . . . . . . . . 107

# 第8章　電子顕微鏡の分解能はどこまでいくか？　　111

8.1　分解能を決める要素 . . . . . . . . . . . . . . . . . . . . . . . 111

8.2　レンズの球面収差と回折収差 . . . . . . . . . . . . . . . . 111

8.3　他の収差の分解能への影響 . . . . . . . . . . . . . . . . . . 115

8.4　レンズ法と走査法の像分解能の同等性 . . . . . . . . . 118

8.5　STEM 像についての他の分解能影響因子 . . . . . . . 119

8.6　ピクセルサイズと分解能の関係 . . . . . . . . . . . . . . 119

8.7　STEM の分解能の極限 —収差補正技術の進展— . . . . . . . . 120

# 第9章　おわりに　　123

## 付録 127

A.1 走査トンネル顕微鏡 (STM) について . . . . . . . . . . . . . 127

A.2 量子力学の散乱問題，および原子散乱因子 . . . . . . . . . . 128

A.3 結晶による電子波の回折現象 . . . . . . . . . . . . . . . . . 131

A.4 電子波の伝播 . . . . . . . . . . . . . . . . . . . . . . . . . 134

A.5 原子分解能 STEM の結像理論 . . . . . . . . . . . . . . . . 137

A.6 フーリエ変換について . . . . . . . . . . . . . . . . . . . . 139

## 参考図書 145
## 参考文献 147

## 用語索引 151
## 人名索引 160

# 第1章 はじめに

## 1.1 誰が原子を見たか？

近年，教育テレビなどでも原子の話題が絵入りで報道されるようになりました．電子顕微鏡や走査プローブ顕微鏡および関連画像技術の進歩で，単原子はもちろん，分子，デオキシリボ核酸 (DNA) および蛋白質などの分子集合体[1]が，まるで見てきたように表示されています．また原子や分子操作の応用例として，分子のカーレースの世界大会も最近の話題になりました．

教科書などではこれらの原子は球体として描かれることが普通です．ちょうどビリヤードの玉のように色を付けて表されています．いつ，誰がこのような原子を見たのでしょうか？

実は原子の存在が物理学として確定してからまだ 100 年ちょっとしかたっていないのです．1897 年にガス入り放電管の中で，負の電圧のかかった陰極から出る粒子の比電荷 $(= e/m)$ の値が J. J. Thomson により測定されました．これを「電子の発見」としています．

図 1.1 は英国ケンブリッジ大学キャベンディシュ研究所に残されている当時の放電管の写真です．ガラス管左側の細い部分に電子の発生源があり，右手前に向って電子が進行し，右側の球面上に電子が当たった痕跡が光ります．

次いで 1911 年に Millikan によって 1 個の電子がもつ素電荷 $-e$ の値 $(-1.60 \times 10^{-19} \text{Coulomb})$ が決定され，電子の質量 $(m = 9.10 \times 10^{-31}$ kg$)$ も確定しました．

この電子がちょうど土星のように原子核の周りを回っている原子モデルは，1911 年ごろケンブリッジ大学の Rutherford と共同研究者による $\alpha$ 線の散乱実験によって示唆され，デンマークの Bohr によって確立されました．これをボー

---

[1] 2017 年度ノーベル化学賞は，蛋白質分子を非晶質の氷薄膜に閉じ込め，クライオ電子顕微鏡で観察して 3 次元的に構造解析する技法を確立した業績に与えられました．

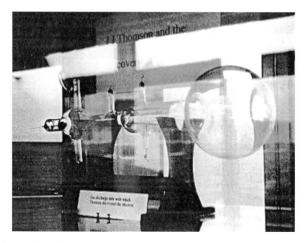

図 1.1 電子の飛行の実験に使われたガラス製放電管（英国キャベンディシュ研究所で筆者撮影）．

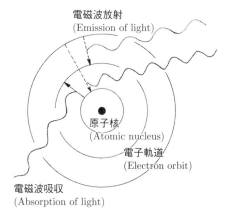

図 1.2 ボーアの原子モデルと，原子による光（電磁波）の吸収と放射の機構．

アの原子モデルといいます[2]．このモデルを使って原子から出る光の放射スペクトルが説明されました（図1.2）．

ただしこの時点で原子を直接見ていたわけではなく，後述の「散乱」という

---

[2] それ以前に日本の Nagaoka（長岡）も土星型原子モデルを提案していましたが，残念ながら広く世界に認められていたわけではありませんでした．

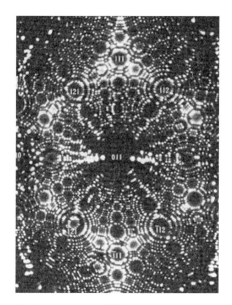

**図 1.3** [011] 方向に向いたタングステン針先の原子配列の電界イオン顕微鏡 (FIM) 像. 曲面状の針先を平面に投影した像. 数字は結晶方位を表す（中村 1985 より）.

方法で間接的に見ていたに過ぎないのです[3]. しかしこれ以後, 物理学者は土星型の原子モデルを信ずるようになり, 高校教科書にも原子の図が載せられるようになっていきます.

一方, 我々が台の上のビリヤード玉や碁盤上の碁石を見るように 1 個 1 個の原子を直接観察できるようになったのは 1950 年代後半からのことです. ドイツの Müller (1957) が開発した電界イオン顕微鏡 (field ion microscope; FIM) によりタングステンの針先の表面原子配列を観察したのが最初です. 図 1.3 はその針先の像で, 像中の 3 桁の小さい数字が書いてある黒い小円板が表面にあるタングステン原子に対応します. しかしこの装置では高融点金属の針先の原子配列しか観察することができませんでした.

1970 年初頭より, 本書の話題である透過電子顕微鏡 (TEM と STEM) によって孤立した単原子の観察がなされ, 次いで金属や半導体単結晶中の原子列（コ

---

[3] 原子との相互作用によって入射粒子が曲がる現象を使って原子の大きさや, 原子が作り出す引力や斥力などを測定することができます. これを「散乱法」といいます. 2.1 節で詳しく説明します.

図 1.4 シリコン (111) 清浄表面の走査トンネル顕微鏡 (STM) 像．薄く見える菱形の黒枠が DAS 構造とよばれる 7×7 倍構造の 2 次元単位胞．菱形の間隔は 2.33 nm (Binnig & Rohler, 1982)．

ラム）や結晶内の不純物原子も可視化されるようになりました．

また 1980 年初頭には，真空を挟んで試料と針の間を流れるトンネル電流を用いた，異なる原理による走査トンネル顕微鏡 (scanning tunneling microscope; STM) によっても半導体や金属表面の原子が見えるようになりました（付録 A.1 参照）．図 1.4 は STM によって捉えられたシリコン (111) 清浄表面の 7×7 倍構造の原子配列の様子です．少し盛り上がったところが表面から突出した原子 (ad-atom) に対応します．

## 1.2 原子の 1/4 の大きさまで見えるようになった

透過電子顕微鏡 (transmission electron microscope; TEM) は，サブナノメーターの大きさの単原子までも可視化する能力を人類に与えてくれました．その点分解能は現在では 0.05 nm (= 50 pm) 以下に達しており，これは原子の直径の 1/4 程度に相当します．後に詳しく説明するように，光学顕微鏡の分解能は光の波長程度（$\lambda = 400$ nm（紫色）〜800 nm（赤色））です．波としての電子の波長はそれより 1 万倍以上小さいので，電子顕微鏡を使うと原子までも観察できることになります．

ただし原子の中心にある原子核の大きさは原子のそれの 1/10000 (= 2 ×

## 1.2 原子の 1/4 の大きさまで見えるようになった

図 **1.5** 欧州合同原子核研究機構 (CERN) の航空写真（CERN HP: SI-8701973 より）．

$10^{-14}$ m = 0.02 pm) 以下ですから現在でも見えませんし，原子核内の陽子や中性子，さらにそれを構成する素粒子はとても小さく見ることができません．

以前は原子の大きさをオングストローム (Å) という単位で表していましたが，現在では nm が用いられます．1 Å = 0.1 nm です．

このような原子の存在や大きさなどは，顕微鏡法と表裏一体の関係がある散乱 (scattering) という方法[3]でも研究することができることはすでに述べました．その代表的な研究機関がスイスのジュネーブにある CERN です．図 1.5 の上部の細い白い円で示された地下に円形の加速器リングがあります．手前の飛行場とくらべると大変大きな円形構造物であることがわかります．このリングの中で粒子同士を衝突させ，その散乱角度などを測定し，原子の構造を研究します．ただしこの方法では像 (image) は出ませんので，「見た」という言葉は使えないでしょう．

一方電子顕微鏡の分野では，細い電子ビームを走査して原子の像を作る走査透過電子顕微鏡 (scanning transmission electron microscope; STEM) という装置が近年発展しています（図 1.6）．本書ではこの装置について，大学初年級の物理学の知識から始めて詳しく説明していきます．

この STEM を用いれば原子の大きさの 1/4 の大きさの電子線プローブを使って「原子の頭に筆をおろす」ことができます．この "筆" の移動は，電荷をもつ電子を電場や磁場で偏向したり，試料の方をピエゾ圧電素子を使って $x, y$ 方向に機械的に動かして行います．

このような極限的ことを実現した人類の知識と技術はまさに素晴らしいとい

6　第1章　はじめに

**図 1.6**　120 kV の加速電圧の走査透過電子顕微鏡 (STEM). 下部の円筒内に電子銃があり，電子は下から上に進行し，中程にある薄い試料を透過する．上部の四角の箱は透過電子のエネルギー分析器と検出器（Pennycook 氏のご厚意による）．

えるでしょう！　最初は「そんなことできるはずがない！」，「○○のために不可能だ！」という一般的な言説にかまわず，科学者がとにかく実験してみた結果の集積が生み出した，人類がもつ経験知なのです．

## 1.3　電子顕微鏡のナノ科学への貢献 —百聞は一見に如かず—

図 1.7 の右側は小さいネジや歯車から始まって，人類が作り出した種々の微小物を下に向って小さくなる順序で示しています．大きさを示す中央の縦軸の目盛は 10 倍ずつ変化していきます（対数目盛）．あわせて左側に細菌とかウイルスなどの自然の造形物も載せてあります．

真ん中の目盛の中ほど縦書きの "visible spectrum" が可視光の波長（$\lambda =$

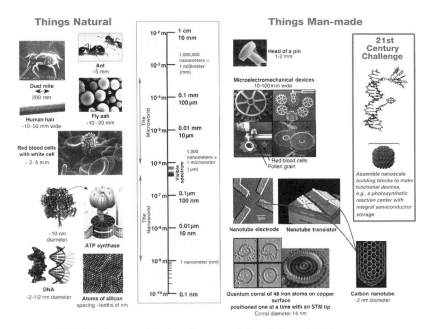

図 1.7 自然（左側）と人類（右側）が作ったナノ物質の大きさの比較（USA, DOE, Office of Science 資料より）．

400 nm〜800 nm）です．皆さんもご存知のように半導体技術の最近の発展は，光の波長よりはるかに小さい数十ナノメーターの大きさの電流制御用ゲートをもつトランジスタを作り出しており，これが液晶パネルの実用化にも大きく貢献しました．

科学・技術の開発に関わる知的活動において，「ものを見る」ということは大きな役割を果たしています．このことは「百聞は一見に如かず」とか，"Seeing is believing" ということわざにも反映されています．

小さいものを作ろうとするとき，その材料や構成部品を事前に見て，それを頭の中にイメージしていることは，より良い製品を生み出すのに大変重要なことです．また出来上がったものの様子を微細なところまで見ることは製品の質を確保するのに大切ですし，インフルエンザのウイルスが何型であるかを知ることはワクチンの製造や防疫に必須な知識です．

人間がもつこのような基本的な考え方のなかで，人類はまず光学顕微鏡を 17 世紀に発明し，本書の題目である透過電子顕微鏡 (TEM) を 1931 年に開発し

8　第 1 章　はじめに

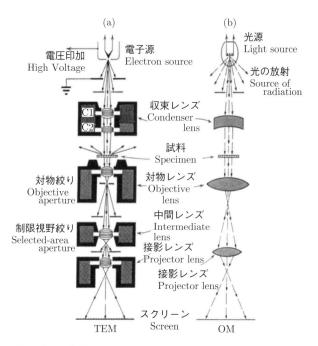

図 1.8　(a) 透過電子顕微鏡 (TEM) と (b) 光学顕微鏡 (OM) の比較．電子と光は上から下へと進行します．

ました (Ruska et al.)．そして 21 世紀の現在，電子顕微鏡はさらに進化し，細い電子ビームで原子の像を作ったり，ナノの領域の組成や電子構造を解明する STEM 装置として発展し続けています．

　ここで，これからの説明を理解しやすくするために，透過電子顕微鏡 (transmission electron microscope; TEM) と光学顕微鏡 (optical microscope; OM) の構成図を図 1.8 に示しておきます．比較をしやすくするため，右側の光学顕微鏡の光源を普通の装置とは逆に上部に配置してあります．コンデンサレンズ，試料，対物レンズ，接眼（投影）レンズ，およびスクリーンについて一対一の対応が両者にあることがおわかりいただけると思います．本書の中心課題である走査透過電子顕微鏡 (scanning transmission electron microscope; STEM) の構造については 3.6 節以下で説明します．

## 1.4 　顕微鏡と望遠鏡 —波を使ってのイメージング—

　ルネサンス以来人類が作り出した科学機器として重要なものは，望遠鏡 (telescope) と顕微鏡 (microscope) でしょう．望遠鏡のほうが少し先行して発明され (Jassen, Lippershey)，人類の興味を地球外に向け，数々の惑星の発見や，天動説から地動説への転換のきっかけを作りました (Galilei).

　一方顕微鏡は 17 世紀末にオランダおよび英国を中心として発明され (Leauwenhoeck, Hooke)，植物の微細構造や細菌などが可視化されました．

　この両方の装置に共通なのは，ある方向に進む光の波を使って，遠くの惑星や恒星の情報，または細胞のような微細世界の情報を我々の肉眼で観察できる像として結像したことです．

　光が空間中を一方向に伝播することは，紀元直後ごろから太陽光による陰の存在から知られていましたが，物理学としては Maxwell によって 19 世紀半ばに理論的に予言されました．有名な 4 つの連立偏微分方程式から電場と磁場ベクトルの波動方程式が導かれることがその根幹です．

　それぞれの式の物理的意味の詳しい説明はひとまず置いておいて，4 つのマクスウェル方程式を書いてみましょう．昔使われていたガウス単位系ではなく，現在標準として使われる MKSA または SI 単位系を使います [4),5)].

$$\mathrm{div}\boldsymbol{E} = \boldsymbol{\nabla} \cdot \boldsymbol{E}\,(x,y,z,t) = \frac{\rho\,(x,y,z,t)}{\varepsilon_0} \tag{1.1}$$

$$\mathrm{div}\boldsymbol{B} = \boldsymbol{\nabla} \cdot \boldsymbol{B}\,(x,y,z,t) = 0 \tag{1.2}$$

$$\mathrm{rot}\boldsymbol{B} = \boldsymbol{\nabla} \times \boldsymbol{B}\,(x,y,z,t)$$
$$= \mu_0\boldsymbol{i}\,(x,y,z,t) + \mu_0\varepsilon_0\frac{\partial \boldsymbol{E}\,(x,y,z,t)}{\partial t} \tag{1.3}$$

$$\mathrm{rot}\boldsymbol{E} = \boldsymbol{\nabla} \times \boldsymbol{E}\,(x,y,z,t) = -\frac{\partial \boldsymbol{B}\,(x,y,z,t)}{\partial t} \tag{1.4}$$

---

[4)] 例えば，長岡洋介「電磁気学」(II)（岩波書店，1983）の 8 章を見てください．

[5)] 国際標準単位 (SI) 系では長さ (meter; m)，重さ (kilogram; kg)，時間 (second; s)，電流 (ampere; A) の掛け算の組み合わせで種々の物理量の単位が表現されます．無名数というのはこれらの単位がないということです．単位の標準化については，臼田 孝「新しい 1 キログラムの測り方」（講談社，2018）を参照して下さい．

ここで，電場ベクトル $\boldsymbol{E}$ と磁場ベクトル $\boldsymbol{B}$ は，それぞれの $x,y,z$ 方向の成分 $(E_x, E_y, E_z)$, $(B_x, B_y, B_z)$ が座標 $x,y,z$ と時間 $t$ の関数として変化します（多変数関数）．また記号 $\boldsymbol{\nabla}$（ナブラ）は，$\boldsymbol{\nabla} = \left(\frac{\partial}{\partial x}, \frac{\partial}{\partial y}, \frac{\partial}{\partial z}\right)$ で定義され，偏微分演算子を $x,y,z$ 成分にもつベクトルです．記号 "·" と "×" はベクトルの内積と外積演算を表します．div と rot は発散(divergence)，回転(rotation)とも訳され，上記のナブラとの内積と外積演算です．$\varepsilon_0, \mu_0$ は真空の誘電率と透磁率です．また $\rho$ は電荷密度，$\boldsymbol{i}$ は電流密度ベクトルで，やはり座標と時間の関数です．

第1式が電場のクーロンの法則を表し，第3式が高等学校でも学習するアンペールの法則を内包し，第4式がファラデーの電磁誘導の法則に対応します．

電荷と電流の存在しない真空中 ($\rho = 0$, $\boldsymbol{i} = 0$) にこの4つの方程式を適用すると，電場と磁場に関する以下の2つの方程式が導かれます[4]．

$$\boldsymbol{\nabla}^2 \boldsymbol{E}(x,y,z,t) = \mu_0 \varepsilon_0 \frac{\partial^2 \boldsymbol{E}(x,y,z,t)}{\partial t^2} \tag{1.5}$$

$$\boldsymbol{\nabla}^2 \boldsymbol{B}(x,y,z,t) = \mu_0 \varepsilon_0 \frac{\partial^2 \boldsymbol{B}(x,y,z,t)}{\partial t^2} \tag{1.6}$$

ただし，$\boldsymbol{\nabla}^2 = \boldsymbol{\nabla} \cdot \boldsymbol{\nabla} = \frac{\partial^2}{\partial x^2} + \frac{\partial^2}{\partial y^2} + \frac{\partial^2}{\partial z^2}$ であり，この演算子 $\boldsymbol{\nabla}^2$ をラプラシアンといいます．また $\mu_0 \varepsilon_0 = \frac{1}{c^2}$ です．$c$ は光速です ($c = 3.00 \times 10^8$ m)．

座標と時間について2階の偏微分を含むこの方程式は波動方程式といわれ，電場 $\boldsymbol{E}$，または磁場 $\boldsymbol{B}$ のベクトルが3次元空間の座標 $x,y,z$ と時間 $t$ によって，図1.9のように大きさを変化させながら光速度で3次元空間中を波として伝わることを表しています．この図では電磁波の伝わる方向を仮に $z$-方向にしてあります．この波（平面波）は電場や磁場の変位の方向と進行方向が直角な

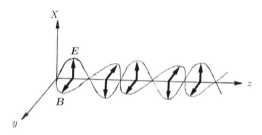

**図 1.9** 3次元空間中の $z$-方向への電磁波（平面波）の伝播の様子．$\boldsymbol{E}$ と $\boldsymbol{B}$ は電場と磁場ベクトル．

ので「横波」に分類されます.

電磁波の存在は Hertz によって 1888 年に実験的に証明され，それがこれまで知られていた光の波を包含するものであることがわかってきました．光学は電磁気学の 1 つの応用領域になったのです.

ここで式 (1.5) の波動方程式を光の電場が $z$-方向にのみ空間的に変化している場合について考え，$x$-成分のみ書くと式 (1.7) のようになります．この波動方程式を満たす解は正負の $z$-軸方向に伝播する式 (1.8) の平面波と，式 (1.9) の原点から放射状に拡がる（収縮する）球面波です.

$$\frac{\partial^2 E_x(z,t)}{\partial z^2} = \mu_0 \varepsilon_0 \frac{\partial^2 E_x(z,t)}{\partial t^2} \tag{1.7}$$

$$E_x(z,t) = E_0 \exp\left(2\pi i K_z z \mp 2\pi i \nu t\right) \tag{1.8}$$

$$E_x(z,t) = E_0 \exp\left(2\pi i K_z r \mp 2\pi i \nu t\right)/r \tag{1.9}$$

ここで $E_x(z,t)$ は光を構成する電場ベクトルの $x$ 成分であり，$K_z$ は波数 $1/\lambda$ で，$\nu$ は振動数です．光の波は時間 $t$ とともに正負の $z$-方向または $r$-方向に進んでいきます.

物理学では波を記述するときに $\exp(2\pi i k x)$ と書く場合と $\exp(ikx)$ と書く場合があります．周期関数を表現するのに 1 周期に対応する $2\pi$ ラジアン $(= 360°)$ はいつでも必要です．前者の表現では，波数は $k = 1/\lambda$ であり，後者では $k = 2\pi/\lambda$ となります．X 線回折学や電子顕微鏡学では前者を使うことが多く，固体物理学や量子力学の教科書では後者を使います．あわせて付録 A.6 のフーリエ変換の説明も参照してください．また単位ラジアンについては 2.1 節で説明します.

この波動方程式の平面波解を種々の境界条件，例えば不透明な板に丸孔があいているような条件の下で解くと，光の性質である，進行とともに横方向に拡がっていくという回折 (diffraction) という現象が説明されます（付録 A.4 参照）.

またガラスのプリズムやレンズを使うと光を屈折 (refraction) させたり収束 (convergence) させたりして，凸レンズの反対側に物体の像とよばれる試料の情報をもってくることもできます[6].

凸レンズについては紀元前からあったという説や，哲学者の Seneca がすでにレンズの拡大作用を知っていたという話もあります．いずれにしてもマクス

---

[6] 例えば，鶴田匡夫「応用光学」（培風館，1990）を見てください.

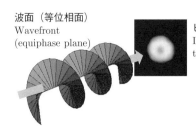

**図 1.10** 電子らせん波の伝播の様子と遠方の強度図形（齋藤晃教授のご厚意による）．

ウェル方程式から導かれる光の波としての性質と，後述する曲面状のガラスが示す収束と拡大作用が望遠鏡と顕微鏡の基礎となっています．

最近，上記の平面波と球面波以外の解としてらせん波 (vortex wave) も可能であることが光波と電子波の両方の実験で確認され話題になっています（図 1.10）．これは波の山や谷を決める等位相面が波長の長さだけ離れた平面や球面の集まりではなく，らせん階段のようになっている波です．そして図 1.10 で示されるように，光軸上は位相が定まらない特異点になっており，遠方の強度図形では黒くなります．

電子の場合のこのらせん波の解は，式 (1.10) で示す自由空間中の定常状態を表すシュレディンガー方程式（付録 A.4 参照）を式 (1.11) のように進行方向を $z$-軸とした円筒座標 $(r, \phi, z)$ で記述し，変数分離法でこの方程式を解くことによって得られます．

$$\frac{-\hbar^2}{2m}\nabla^2 \Psi = E\Psi \tag{1.10}$$

$$\frac{-\hbar^2}{2m}\left[\frac{1}{r}\frac{\partial}{\partial r}\left(r\frac{\partial}{\partial r}\right) + \frac{1}{r^2}\frac{\partial^2}{\partial \phi^2} + \frac{\partial^2}{\partial z^2}\right]\Psi(r,\phi,z) = E\Psi(r,\phi,z) \tag{1.11}$$

ここで $E$ は量子力学でいうエネルギー固有値に相当し，$\hbar$ はプランク定数 $h$ を $2\pi$ で割ったものです．

解は，動径方向がベッセル関数で方位角方向が $2\pi$ を周期とする指数関数となります．

$$E_x(z,t) \propto J_n(ar)\exp(\pm 2\pi im\phi)\exp(2\pi i K_z z) \tag{1.12}$$

ここで $a, m$ は定数で，$J_n$ は $n$ 次のベッセル関数です (McMorran, 2011)．

# 第2章 原子を研究する人類

## 2.1 原子構造を研究するための以前の方法

20世紀は「原子の時代」だといわれました．19世紀末に物質の構成要素としての電子が真空放電現象や光電効果から発見され，原子の構造については前述のようにRutherfordらによる$\alpha$線の散乱実験によって，中心に正の電荷を帯びた原子核があり，その周りを原子番号と同じ数の負の電荷をもつ電子が周回しているということがわかってきました（図1.2）．

散乱とは，図2.1に示すように，原子の中央にある正の電荷をもった原子核に左側から電子などの負電荷をもった粒子を入射すると，この入射粒子と原子核の正電荷がクーロン力で引き合い，粒子の軌道が点線のように曲がることです．このとき原子核の周りに束縛されている電子は負電荷をもっているので原子核からのクーロン力を弱める働きをします．

ここで原子核から右側遠くにフィルムなどを置いて曲がった粒子を記録すると，「まっすぐ進んだ」ことに対応するフィルム上の中心斑点と曲がった角度に応じた半径をもつ同心円状の黒白模様が記録されます．これを散乱強度分布といいます．

ニュートン力学を使ってこの屈曲軌道を計算して，曲がった角度に応じてど

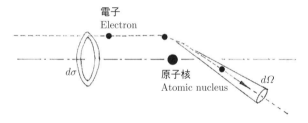

図 **2.1** 単原子による電子の散乱過程（粒子的描像）．

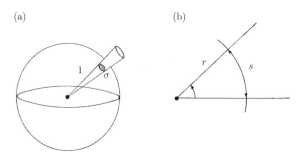

**図 2.2** 立体角 (a) と，通常の角度 (b) の説明図.

のくらいの数の粒子がフィルム上に来るかを計算できます．この計算には微分散乱断面積 ($d\sigma/d\Omega$) という物理量を定義して使います．ここで分子の $d\sigma$ は面積の単位をもつもので，入射粒子がある特定方向に飛ばされるのは，光軸左側方向から見た原子の断面積のうちのどのくらいの面積かを表す物理量です．図2.1ではこの面積を左側の円環 $d\sigma$ で表しています．一方，分母の $d\Omega$ は部分立体角といって3次元空間中のある方向の微小まわりの拡がりを表す量です．図2.1ではこの量を右側の円錐で描いています．円環部を通過した粒子は $d\Omega$ の円錐の中に散乱されることを示しています．

仮に単原子を剛体球としたときは，剛体表面での反射を古典力学で計算した上記の微分散乱断面積を全散乱角方向に積分すると，入射方向から見た剛体球の幾何学断面積に一致します[1]．

なお立体角の単位は無名数[2]で，ステラジアン (sr) とよびます．これは図2.2(a) に示すように半径1の球でこの円錐を切ったときの面積の値 $\sigma$ です．1点から見た全空間の立体角は，球面の表面積が $4\pi r^2$ ですので，$4\pi$ ステラジアンです．比較のために通常の角度の定義を図2.2(b) に示します．2直線で決まるある角度を半径 $r$ の円で切ったときの弧の長さを $s$ とすると，$s/r$ を角度といいます．単位はラジアン (rad) で，やはり無名数です．

この散乱による計測法は原子や分子よりさらに小さい原子核の内部構造の解析にも適用することができ，現在では素粒子の発見や分類にも使われている基本的な物理測定技術の1つです．量子力学による，その基本原理を説明しましょう．

---

[1] 数式を使ったもう少し詳しい説明は，例えば，菊池健「原子物理学」(共立出版, 1979) を見てください．
[2] 第1章脚注5) 参照．

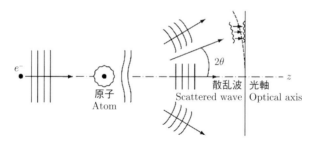

図 **2.3** 単原子による電子の散乱過程（波動的描像）．

単原子による入射電子の散乱現象は大きさが 0.1 nm 以下のもの同士の衝突なので 20 世紀以後発達した量子力学によって基礎づけられなければなりません．そのときは入射する電子をフランスの de Broglie が予言した物質波の平面波（正確には平面波を重ね合わせた波束）として考えます．

この物質波としての電子がどのくらいの波長をもつかはその運動エネルギーによって決まります．電子を 150 V の電位差で加速すると，0.1 nm 程度の波長になり，加速電圧を大きくすると波長は小さくなります．詳細は後の 4.1.2 項を見てください．

次に単原子の存在は遮蔽されたクーロンポテンシャルの分布 $V(r')$ で置き換えます（式 (2.6) 参照）．図 2.3 に示すように，このポテンシャルに左側から入射した電子の平面波が量子力学に従って散乱されると考えます（付録 A.2 も参照）．

散乱電子の波動関数は，2 次波としての散乱波は弱いという条件では，以下の式のように表されます．

$$\psi(r) = \exp(2\pi i K_z z) + \frac{2\pi me}{h^2} \frac{e^{2\pi i Kr}}{r} \int V(r') \exp[-2\pi i (K - K_0) \cdot r'] dr' \tag{2.1}$$

ここで第 1 項の指数関数が入射電子の平面波がそのまま原子の右側の $z$-方向に出ていったことを表し，第 2 項の $1/r$ の付いた指数関数が単原子から 2 次的に発生した球面波を表します．このような取り扱いを(第1)ボルン近似といいます[3]．

---

[3] 単原子からの散乱振幅を求める厳密な方法は「部分波の方法」といい，どの量子力学の教科書にも説明があります．シュレディンガー方程式の解をルジャンドル級数で表してから解く方法です．一方，シュレディンガー方程式を数学的に同等な積分方程式にまず変換してから，この解を逐次近似法で解いていくのが，ここで使っているボルン近似による解法です．例えば，大鹿，森田「量子力学」(II)（共立出版, 1972）を見てください．

16 第2章 原子を研究する人類

　ここで $K_0, K$ は入射波と散乱波の波数ベクトルです（$|K| = 1/\lambda$）．波数ベクトルの大きさが変わらない，すなわち入射波と散乱波のエネルギーが変わらないのは，弾性散乱とよばれます．また $m, e, h$ は電子の質量，電荷およびプランク定数（$h = 6.62 \times 10^{-34}$ Js）です．エネルギーと波数の関係は $E = h^2 K^2 / 2m$ です．

　原子のポテンシャル $V(r')$ をフーリエ変換（付録 A.6 参照）した最後の積分項を $f$ とおいたものが次の式 (2.2) で，原子から2次的に出ていく球面波が角度ごとに振幅変調（位相変調も含んでよい）されることを表します．この $f$ を原子散乱因子 (atomic scattering factor) とよび，入射電子と単原子の間の相互作用を表します．$\theta, \phi$ はそれぞれ光軸からの角度と光軸周りの方位角です．

$$f(\theta, \phi) = \frac{2\pi me}{h^2} \int V(r') \exp\left[-2\pi i (K - K_0) \cdot r'\right] dr' \qquad (2.2)$$

これをボルン近似による原子散乱因子とよびます[3]．単原子のようにポテンシャル $V(r')$ が球対称のときは式 (2.2) の積分計算により $f$ は実数になります（付録 A2 参照）．

　すでに説明したラザフォードの散乱実験を再考すると，波動的観点に立った原子散乱因子と古典力学的に考えた微分散乱断面積とは次の簡単な関係で結ばれます．

$$|f(\theta, \phi)|^2 = \frac{d\sigma}{d\Omega} \qquad (2.3)$$

すなわち，散乱現象は量子力学的に見ると，散乱体である単原子から2次的に出てくる球面波の振幅である原子散乱因子 $f$ を求めることに帰せられるのです[3]．

　透過電子顕微鏡で使われるような高速（高エネルギー）電子の場合は，原子散乱因子 $f$ は良い近似で原子の静電ポテンシャルのフーリエ変換で与えられます．すなわち第1ボルン近似の式が成り立つということです．

　次に，結晶中の原子配列はどのように明らかにされてきたかを説明しましょう．結晶による散乱と回折の研究は，結晶にX線を入射したときに試料の反対側に置かれたフィルムに格子状の強度斑点が出ることを Laue が観察したことに始まります．これは回折格子に光を入射したとき起こる回折 (diffraction) 現象と同じで，式 (2.4) のブラッグの式によってX線の出る方向が決まります．その回折角 $\alpha (= 2\theta)$ はフィルム上の斑点の中心からの距離 $(r)$ と試料とフィルムの

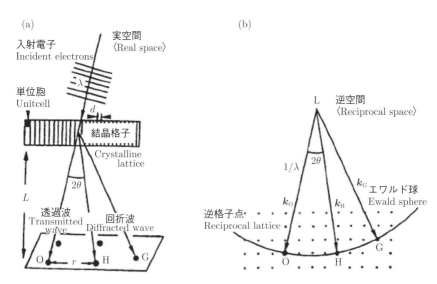

図 2.4 結晶による電子線の回折. (a) 実空間表示. (b) 逆空間表示とエワルド球.

距離 ($L$) から $r = L\tan 2\theta$ の式で計算できます．これを式 (2.4) に入れれば，回折現象を起こしている結晶の原子面間隔 ($d$) が測定できることになります．

$$2d \sin \theta = \lambda \qquad (2.4)$$

さらに結晶中の原子配列の対称性を決めている空間群の知識を援用すると，結晶の単位胞の中に原子がどのように配列しているかも実験的に決定できます．

これで，1 個 1 個の原子を見なくても X 線回折法を使って原子が規則正しく並んでいる結晶の内部構造が解明されるわけです（付録 A.3 参照）．

図 2.4(a) はこの回折現象を実空間で，図 2.1(b) は 1/(長さ) を単位にもつ逆空間で表したものです．図 2.1(b) の円弧はエワルド球といって入射する X 線や電子線の波長の逆数を半径とした球です．また図 2.4(b) の小点列の 1 点は，X 線や電子線が回折する原子面の集団（(100), (111), (200) 面など）を表しており，逆格子点といいます．エワルド球とこの点が交接した方向 (G, H) に回折線が出ます．

X 線と電子線の違いの主なるものは高速電子の波長が通常の X 線よりはるかに小さいことです．これに対応して上記のエワルド球が平面に近くなります．

以上の「散乱」と「回折」現象は，散乱，回折波が強くない条件では，数学

的には試料の3次元構造をフーリエ変換するという言葉で統一的に理解できます．このことは，試料から遠く離れた場所の電子の波動場は，光学の場合と同じように試料構造のフラウンホーファー回折で与えられるということから説明されます（付録A.4参照）．

単原子の場合は原子が作る静電ポテンシャル（〜クーロンポテンシャル）のフーリエ変換の2乗が散乱強度分布になります（$I = f^2$）．また結晶の中の規則正しい原子配列が生み出す周期的な静電ポテンシャル分布がフーリエ変換されて格子状の回折斑点を生み出します（図2.1(b)）．

しかしながら，このような散乱法で原子または原子配列を解析することは間接的であることは否めません．得られる情報がフーリエ変換した空間（$x, y, z \to u, v, w$）（付録A.6参照），すなわち逆空間の情報であり，そのままでは実空間に存在する単原子や原子集団を可視化したことにならないという考え方もあります．また非晶質膜のように原子が非周期的に配列していると，この方法では構造解析はできません．

さらにそのデータ解析法は，散乱または回折理論で計算された散乱強度と実験で得られる散乱強度を比較しながら試料の構造を修正しつつ決定するというのが基本的手順です．したがって，「最初は結晶構造のモデルありき」の方法なのです．

単原子や原子配列を直接的に可視化する方法はないものでしょうか？ それが透過電子顕微鏡や走査トンネル顕微鏡によって初めて実現した原子および原子集団の「実空間可視化」なのです．これを顕微鏡法（microscopyまたはnanoscopy）といいます．

次節では透過電子顕微鏡，特にSTEMによる単原子およびナノ構造の観察法を説明していきます．

## 2.2 原子を直接見る3つの方法

原子は原子核の周りを周回する電子の軌道の大きさも含めて0.2–0.3 nmの大きさをもっています（図1.2）．この原子をTEMで可視化する場合には，その原子核の周りの静電ポテンシャル分布 $V(x, y, z)$ を入射電子線（電子波）の屈折作用を使って見ることになります．このポテンシャルはすでに述べたように

原子核の作るクーロンポテンシャルとそれを電子の負電荷で遮蔽する作用との合成です.

屈折という現象は入射波の位相が媒体中でずれることから引き起こされるので，「位相変調作用」といってもよいと思います（付録式 (A5.1) の「位相格子」の説明を参照）.

静電ポテンシャル中を動く電子が感ずる個々の場所での屈折率 $n$ は以下のように表されます.

$$n(x,y,z) = \sqrt{\frac{E+V(x,y,z)}{E}} \tag{2.5}$$

ここで $E$ は入射電子の加速電圧です. この式は，真空中と $V$ のポテンシャルをもつ試料中のそれぞれの波長の比から求めることができます. これは光学の屈折の式を導く方法と同じです.

電子の波長は，後に式 (4.3) で説明するように特殊相対論効果を無視すると $(\sqrt{E})^{-1}$ に比例するので，式 (2.5) になります. 屈折率がわかれば，電子波の位相変調は $\Delta\phi = 2\pi n\Delta x/\lambda$ で与えられます. $\Delta x$ は電子波が媒体中を進行した距離です.

逆に試料下の波動関数の位相変調を測定して屈折率がわかり，$V(x,y,z)$ が得られれば，$\boldsymbol{E}(x,y,z) = -\mathrm{grad}\,V(x,y,z) = -\nabla V$ の式とマクスウェル方程式 (1.1) を使って原子の周りの電荷密度 $\rho(x,y,z)$ も得られることになります. ここで grad は電位差の勾配 (gradient) をとるという演算子です.

人類が最初に原子の像を見たのは，すでに説明したように，1950 年代後半に Müller が開発した電界イオン顕微鏡 (field ion microscope；FIM) によってでした. FIM は図 2.5 に示すように，ヘリウムなどの微量な不活性ガスが混入された真空管の中で電解研磨で尖らせたタングステンなどの針先に強い電圧を印加します. そしてそのその周りに生じた電場で加速された不活性ガスイオンを針に衝突させ，そこからの反射イオンを下部の蛍光板上にとらえることで針先の原子配列の像を作ります. 針先の大きさ（曲率）と蛍光板の大きさとの比例拡大によって 1000 万倍以上の拡大像が得られます. これはレンズなしの顕微鏡法です. 1000 万倍という拡大率は 0.2 nm の大きさの単原子を 2 mm の大きさの点にします.

次に原子像の観察に成功したのは本書の話題である走査透過電子顕微鏡

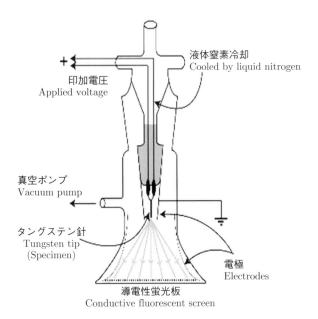

図 2.5 電界イオン顕微鏡 (FIM) の断面図. 原子の像は下部の蛍光スクリーンに映る.

(STEM) によってでした. 1970 年にシカゴ大学の Crewe は 33 kV の加速電圧の自作装置を使って, ウラニル化合物で染色したデオキシリボ核酸 (DNA) 中のウラニウム原子の観察に成功しました. この場合, ウラニウム原子からの散乱電子を集めて結像に使いました. 暗い背景の中に単原子の像が輝点として現れました. これを暗視野像 (dark-field (DF) image) といいます.

図 2.6 は筆者が Crewe 研究室を 1983 年に訪問したときに撮影したものです. 幸運にもこの歴史的装置がまだ残っていました. 図の上の方から銀色円筒型の電子銃, レンズ, 試料室, 架台のすぐ上に黒色の透過電子のエネルギー分析器が配置されています (詳細は図 7.1 参照).

この成果に強く影響されて, 1970 年代中頃には通常の透過電子顕微鏡 (TEM) でも暗視野像と明視野像の両方で単原子観察が試みられ (Hashimoto et al. 1971; Mihama & Tanaka, 1976), 1990 年代には重原子なら TEM の明視野像で確実に単原子像が得られるようになりました. ここで明視野像 (bright-field (BF) image) の像強度は暗視野像のそれと概略相補的な関係にあり, 試料の像が黒く現れ, 試料による散乱によって, 透過波が弱まったり位相が変化することを利

## 2.2 原子を直接見る3つの方法　21

**図 2.6** 単原子観察に成功した Crewe の走査透過電子顕微鏡 (STEM)（米国シカゴ大で筆者撮影）．

用して像コントラストをつけるものです．

　現在では単層の炭素ナノチューブに内包されたカリウム ($Z = 19$) 金属原子までは明視野像で見えるようになってきています．この TEM による方法はレンズを使って拡大像を得るという方法を使っています．

　3番目に単原子を見るのに成功したのは，1980年代初頭に開発された走査トンネル顕微鏡 (scanning tunneling microscope; STM) によってです（図 2.7 および付録 A.1 参照）．この観察法は走査法を使うことと，電子を使っている点では走査透過電子顕微鏡 (STEM) と同じですが，試料表面に近接させた尖った針から試料に向かって真空中を流れる，数 eV [4] のエネルギーをもったトンネル電流を使っています．数 10 keV 以上のエネルギーをもつ電子を使う TEM や

---

[4] 物理学では，エネルギーの単位としてジュール (Joule) の他に電子ボルト (eV) を使います．この量は電子が 1V の電位差を動くときの位置エネルギーですから，$1.60 \times 10^{-19}$ C(クーロン)× 1 V(ボルト)= $1.60 \times 10^{-19}$ J(ジュール) に対応します．

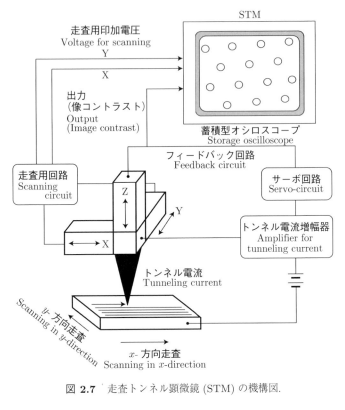

図 2.7 走査トンネル顕微鏡 (STM) の機構図.

STEM とは異なる，電子のトンネル効果という物理現象を基礎としています．プローブ用針の $x, y$ 方向の走査はピエゾ圧電素子を用いた機械的駆動を使っています．

試料と針の間の数 nm 程度の真空ギャップを流れる微弱なトンネル電流を使ってイメージングしたことや，ピエゾ圧電素子を使って $x, y$ 面での原子レベルの走査ができたことは，ナノ可視化技術として画期的なことでした．また量子力学的現象である「トンネル効果」を原子構造の観察法として使っていることも大変面白いことです．

初めは半導体シリコン (111) 清浄表面の 7×7 超周期構造の観察（図1.4）やグラファイトの (0001) 面の炭素原子配列の観察が試みられました．現在では銅な

どの金属表面も原子レベルで観察されています[5].

STM がさらに進化したものは，尖った針と試料間の原子間力の変化量を可視化する原子間力走査顕微鏡 (atomic force microscope; AFM) です．最初は試料の表面を "こする" だけのものでしたが，現在は探針を試料表面から少し離して自励振動させ，針先と表面の距離による原子間力の変化によってその振動周期が変化することをとらえて画像化しています．現在 AFM を使ってもシリコンの 1 個の原子が見えています[5].

このようなプローブの走査法 (STEM, SEM, STM, AFM) を用いると，試料上の各点でプローブの移動を短時間止めることができるので，試料の局所領域の元素分析や電子状態分析が結像と同時にできます．

さらに STM のプローブが試料に接近しているときに，針を通して強い電圧や電流の刺激を与えると 1 個の原子を剥ぎ取ったりするような「ナノ加工」ができることも特筆すべきことです．この方面の技術的発展は，「ナノイメージングからナノファブリケーション（加工）への進展」とよばれており，本書の最後で少し触れる予定です（7.3 節参照）.

## 2.3 走査透過電子顕微鏡 (STEM) による原子像および原子コラム像

本節では走査透過電子顕微鏡 (STEM) を理解していただく手始めに，まず最近の極限的な観察写真を見ていただきましょう．

### 〈単原子の像〉

走査透過電子顕微鏡を用いた単原子の観察は，すでに述べたように Crewe らによって始められました．図 2.8 は，ウラニルイオン (UO$_2$) で染色した DNA 分子の円環状検出暗視野 (annular dark field; ADF)-STEM 像です．ひも状の輝点列がウラニウム原子の像です．この像は，その当時 TEM で使われていた 100 kV よりはるかに小さい 33 kV の低加速電圧で得られました．

ここで円環状検出とはウラニウム原子からの散乱電子を試料下方に設置され

---

[5] STM と AFM の専門書として，Wiesendanger "Scanning microscopy and spectroscopy" (Cambridge University Press, 1994) をあげておきます．

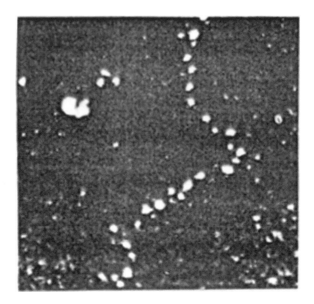

図 2.8 Crewe が世界で最初に撮影した DNA に付着したウラニウム単原子列の STEM 像 (1970). 横全幅 63 nm.

たドーナツ型検出器で受けるという意味です．試料は真空蒸着した炭素薄膜の上に染色した DNA の水溶液を滴下したものを用いました．単原子を電子顕微鏡内の真空中に止めておくことはできないので，このような支持膜を使います．そして Crewe らはこの輝点の強度が原子番号 $Z$ に比例することから「$Z$-コントラスト像」とよびました．

この単原子の像強度が $Z$ に比例する理由を説明してみましょう．

単原子による電子の散乱強度は 2.1 節で説明したように微分散乱断面積で決まります．この断面積を周回電子の遮蔽効果を入れた式 (2.6) の静電ポテンシャルで計算します．このポテンシャルを Wentzel または Yukawa（湯川）ポテンシャルとよびます．

$$V(r) = (Ze^2/4\pi\varepsilon_0 r) \times \exp(-r/R) \tag{2.6}$$

ここで $Z$ は原子番号，$e$ は電子の電荷，$\varepsilon_0$ は真空の誘電率，そして $R$ は遮蔽効果の定数で $R = a_0 Z^{-1/3}$（$a_0$ はボーア半径で 0.0529 nm）です．

散乱波が弱い場合に適用可能なボルン近似（2.1 節参照）を使うと散乱断面

2.3 走査透過電子顕微鏡 (STEM) による原子像および原子コラム像 　25

積は

$$\frac{d\sigma_{el}}{d\Omega} = \frac{4Z^2R^4(1+E/E_0)^2}{a_0^2}\frac{1}{[1+(\alpha/\alpha_0)^2]^2} \tag{2.7}$$

になります (Reimer & Kohl, 2010). ここで $\alpha$ は散乱角, $E$ は入射電子のエネルギー, $E_0 = m_0c^2 \ (= 511\,\mathrm{keV})$, $\alpha_0$ は弾性散乱の特性角で $\alpha_0 = \lambda/2\pi\mathrm{R}$ です.
　これを全立体角で積分すると, 全散乱断面積が得られます.

$$\sigma_{el} = \frac{h^2}{\pi E_0^2 \beta^2}Z^{4/3} \propto Z^{4/3} \tag{2.8}$$

ここで, $\beta = v/c$ で, $h$ はプランク定数です.
　同様な考えで非弾性散乱の微分散乱断面積を Wentzel ポテンシャルと原子内のエネルギー遷移の選択則（$\Delta l = \pm 1$）を使って求めると,

$$\frac{d\sigma_{inel}}{d\Omega} = \frac{\lambda^4(1+E/E_0)^2}{4\pi^4 a_0^2}Z\frac{\left\{1 - \frac{1}{[1+(\alpha^2+\alpha_E^2)/\alpha_0^2]^2}\right\}}{(\alpha^2+\alpha_E^2)^2} \tag{2.9}$$

が得られます (Lenz, 1954 ; Reimer & Kohl, 2010). ここで $\lambda$ は電子の波長, $\alpha_E$ は, $\alpha_E = \Delta E/2E$ でエネルギー損失 $\Delta E$ に対応する特性角です. $a_0$ はボーア半径です.
　Crewe は式 (2.9) を積分して非弾性散乱の全断面積を求め, 式 (2.8) とで割り算をして, $Z$ に比例した信号を得ることを考えました.

$$\frac{\sigma_{inel}}{\sigma_{el}} = (4/Z)ln(h^2/\pi m_0 JR\lambda) \sim \frac{26}{Z} \tag{2.10}$$

ここで $J$ は原子のイオン化エネルギーの平均で, 概ね $13.5\,Z$ eV で与えられます. $m_0$ は電子の静止質量です. この方法は, 透過電子顕微鏡像から原子番号 ($Z$) の情報が得られるという画期的な観察方法でした.
　単原子を観察するには, 原子を支持する非晶質炭素薄膜の像（ノイズになる）をいかに低減するかも問題だったのですが, STEM の特徴である収束電子線を試料に入射し走査像を得ることにより, このノイズ像が平均化されて見かけ上消えてしまうこともわかりました. また, 支持膜の厚さが部分的に変化していても, 式 (2.10) の割り算によってこの効果も軽減されます. これが Crewe の卓越した考えでした.
　暗視野 STEM 法を使って, 現在では図 2.9 にあるように, 燃料電池用炭素電

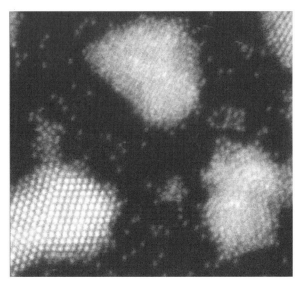

**図 2.9** 現代の高分解能 STEM で観察した燃料電池電極上の白金単原子の暗視野像(輝点).左下の白金微粒子の (111) 格子面の間隔は 0.226 nm. 黒色の背景は電極材料である非晶質炭素薄膜.

極上で水素反応を促進する数 nm の大きさの白金原子クラスターが容易に観察できるようになっています.ここでクラスター間の輝点は白金単原子に対応します.この像は現代の標準的な装置である 200 kV の加速電圧の STEM 装置で得られました.

また半導体微細加工技術 (MEMS) を使った環境試料ホルダーの進歩によって,すでに先鞭をつけている TEM 観察と同様,STEM 観察でもガス中や液体中の単原子観察が可能になっています.図 2.10 は,イオン液体を利用した例で,液体中に存在する金の単原子イオンの ADF-STEM 像です (Miyata et al, 2016).イオン液体は蒸気圧が低いので真空である STEM の中でも液体として保持されています.

〈原子コラムの $Z^{2-x}$-コントラスト像〉

図 2.11 は 1992 年に Pennycook らによって撮影されたシリコン (Si)/ゲルマニウム (Ge) の積層結晶の (011) 断面の ADF-STEM 像です.この像は結晶内にある原子コラムが明るく光っている暗視野像です.さらに Si と Ge の原子コ

## 2.3 走査透過電子顕微鏡 (STEM) による原子像および原子コラム像

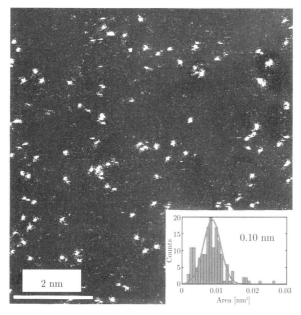

図 2.10　イオン液体中の塩化金イオンの暗視野 STEM 像 (Miyata & Mizoguchi, 2016).

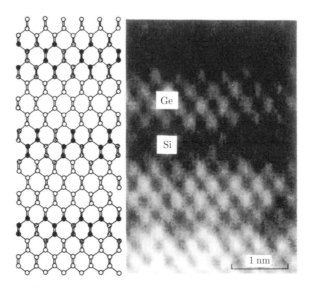

図 2.11　SiGe 多層結晶断面の円環状検出暗視野 STEM 像 (Pennycook et al., 1992).

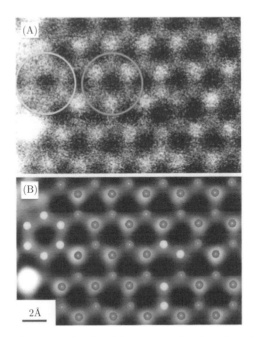

**図 2.12** 窒化ホウ素 (BN) の単層膜の暗視野 STEM 像．窒素原子が少し明るい点として観察されている．(A) 実際の像，(B) フーリエフィルタリング像 (Krivanek et al., 2015).

ラムが像強度の差として識別できています．この像強度はラザフォード散乱に対応する概ね $Z^2$ に比例することがわかっています．これが STEM の $Z^2$-コントラスト観察の先駆でした．ただしこの像強度は，Crewe の観察した単原子のように簡単ではなく，原子コラムを流れる電子を動力学的回折理論またはチャネリング理論で計算しなければなりません．最近の実験的研究によると像強度は $Z^{2-x}(0.5 < x < 1.0)$ であることがわかっています．現在では図 2.12 に示すように窒化ホウ素 (BN) の単原子層を使って B-原子と N-原子を識別して観察できています (Krivanek et al., 2015).

次の図 2.13 の中央下部の 1 個の強い輝点はシリコン半導体中に添加されたアンチモン (Sb) 原子の像です．固体物理学の教科書では添加不純物（ドーパント）の役割を一種の平均的な描像で描いていますが，STEM で見てみると不純物の配置は極めて離散的です．そこから供給される電子や空孔はシリコン結晶の電子とどのように「混ぜ合わされている」のでしょうか？　これは興味深い

図 2.13　シリコン (011) 結晶中のアンチモン不純物原子の像（輝点）．シリコン亜鈴の間隔は 0.135 nm (Yamasaki & Tanaka, 2007).

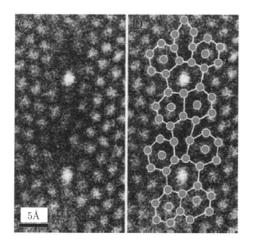

図 2.14　酸化アルミニウム単結晶界面に析出したイットリウム原子を STEM 観察したもの (Buban et al. 2006).

理論物理学上の問題です．

　また Kim ら (2010) はシリコン中のアンチモン (Sb) 不純物クラスターの像コントラストの分布から Sb 原子クラスターの微細構造について議論しています．

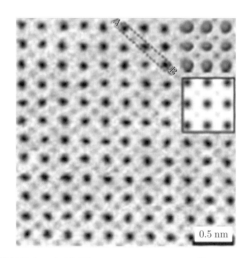

図 2.15 YH$_2$ 単結晶中の水素原子コラムの ABF-STEM 像 (Ishikawa & Abe, 2011).

この ADF-STEM 法は，近年材料科学者もその有用性に着目して，特にセラミクス界面に偏析した添加元素の検出にも大きな威力を発揮しています (Pennycook & Nellist, 2011; Tanaka, 2015). 図 2.14 はアルミナ (Al$_2$O$_3$) 単結晶界面に析出したイットリウム原子を STEM で直視し，周辺の原子配列を決定した研究です (Buban et al. 2006).

〈軽元素の ABF 像〉

Pennycook が始めた上記の ADF-STEM 法による原子コラム観察法は，原子番号のほぼ 2 乗に比例した像コントラストを与えるので「$Z^2$ コントラスト法」とよばれました．しかし，逆に軽元素が観察しにくかった難点がありました．Annular bright field (ABF)-STEM はこの欠点を克服するために開発されました (Okunishi, 2009). この場合は原子コラムが背景より黒く写るので明視野像です．例えばリチウム電池の電極材料として考えられている LiVO$_4$ の結晶の ABF-STEM 像ではリチウム原子コラムが可視化できています (Oshima et al., 2010). また図 2.15 は，YH$_2$ 結晶を使った水素原子コラムの可視化の例です (Ishikawa and Abe, 2011). 強い黒点の間の微かな灰色点が水素原子コラムに対応します．

結晶構造の投影像を見るという立場からは，最も軽い元素である水素原子コ

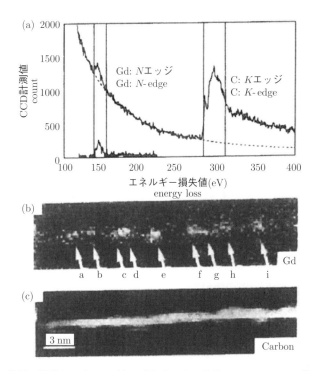

図 2.16 単層の炭素ナノチューブ内のガドリニウム原子の STEM-EELS 像 (a) エネルギー損失スペクトル，(b)Gd 原子のマップ，(c)C 原子のマップ (Suenaga et al., 2000).

ラム（原子の串刺し）までも人類は観察することができるようになったのです．

〈電子エネルギー損失分光 (EELS) を用いた原子像〉

　これまでの STEM 像は主に弾性散乱した電子の強度を検出して結像したものです．試料中でエネルギー損失した非弾性散乱電子を分光しそれを結像に使うことも可能です．この分光法を electron energy loss spectroscopy (EELS) といいます．

　図 2.16(b) はこの方法を用いて Suenaga（末永）ら (2000) によって初めて撮影された単層の炭素ナノチューブに内包されたガドリウム (Gd) 単原子の像です．この像は STEM の下部にエネルギー分析器を置き（図 2.6, 7.1 参照），Gd 原子の N-エッジの励起にともなう特定のエネルギー損失電子のみを使って結像

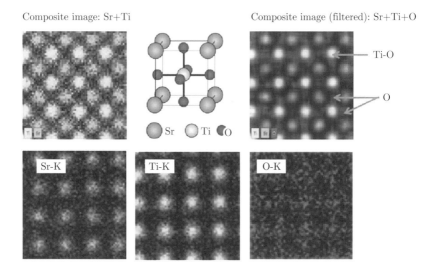

図 2.17 STEM-EDX による $SrTiO_3$ 単結晶の各元素のマッピング像．格子定数は 0.390 nm（Freitag 氏のご厚意による）．

したものです（図 2.16(a) 左側）．近年は，窒化ホウ素 (BN) の単層膜のホウ素原子の励起過程を捉えた像も報告されています．

一方，高感度シリコンドリフト型 X 線検出器の開発によって，走査プローブと同じ側の試料上方へ放出される電子線励起の X 線を使って像を描くこともでき (energy dispersive X-ray analysis; EDX)，$SrTiO_3$ の 3 つの元素別々の原子コラム像も得られています（図 2.17）．ただし X 線強度は EELS の信号強度とくらべ弱いため，単原子像はまだ得られていません．

〈微分位相コントラスト法 (DPC) による局所電場や局所磁場の STEM 像〉

STEM では散乱電子は試料から下方数 10 cm 離れた場所に置かれた円形または円環状の検出器で検出しています．近年，散乱角や方位角を弁別して検出することができる検出器が開発されています．分別して検出した強度信号をいろいろな組み合わせて引き算などをすることによって新しい種類の像コントラストを得ることができます．これが 1970 年代中頃から行われていた微分位相コントラスト法 (differential phase contrast method; DPC)(Rose, 1974) です．引き算は差分ですので，これが微小量になれば微分となります．

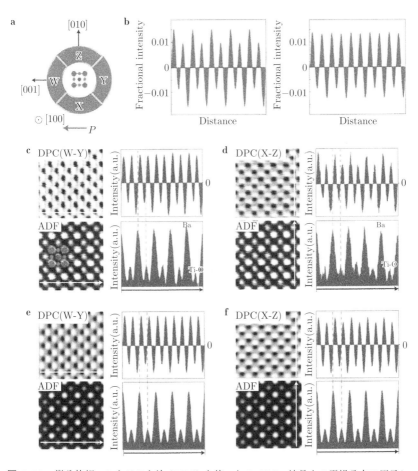

**図 2.18** 微分位相コントラスト法 (DPC) を使った BaTiO$_3$ 結晶中の電場分布の原子レベル検出 (Shibata et al.: 2012).

2012 年以後 Shibata（柴田）らは方位角を 4 つ，散乱角を 4 つの 16 分割した検出器を用い BaTiO$_3$ 結晶を観察し，ナノプローブ電子線の結晶内での屈曲現象を使って，その強誘電性に関係する局所電場を原子レベルで可視化することができるとしています（図 2.18）．また図 2.19 は局所磁場検出の例で，FeGe 合金膜中のスキルミオンの磁場ベクトル分布の STEM 像です (McGrouther et al., 2016).

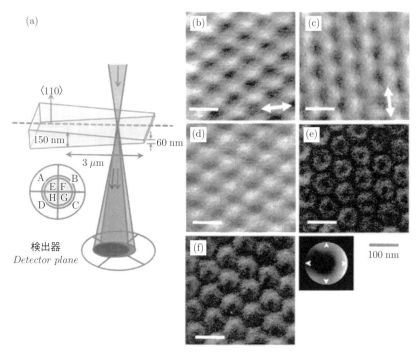

図 2.19 微分位相コントラスト STEM 法による FeGe 合金中のスキルミオンの像 (McGrouther et al. 2016).

# 第3章 顕微鏡像を得る2つの方法

## 3.1 像とは何か？

　望遠鏡，光学顕微鏡および電子顕微鏡の説明には「像」(image) という言葉が頻繁に出てきます．像とは凸レンズや凹面鏡からなる光学系によって，物体直後の光などの強度分布を離れた面に結像したものです．ここで直後の強度分布が物体の形態や内部構造（電子顕微鏡の場合は原子構造）を反映しているということが大切な点です．

　我々の日常感覚としては，この「像」と「見る」という言葉が密接に関連していることがわかります．

　物体が発光していないときは，図 3.1 に示すように対物レンズの左側に置かれた物体のさらに左側から矢印で示すように光を照射して，その透過光の強度分布を凸レンズから右側の離れた平面に結像することになります．光が透過しない場合は，反射光を利用することもあります．

　像は像面の座標 $(x_i, y_i)$ を引数とした 2 次元の強度分布関数で表されます [1]．凸レンズを使って 2 次元の像を得るための結像理論は光学顕微鏡ではほぼ完成されており，多数の専門書で知識を得ることができます [2]．

　また，近年の 3 次元顕微鏡やトモグラフィー観察技術では強度分布は 3 次元座標 $(x, y, z)$ の関数としても得られ，それを像とよぶこともあります．

　数学的にはこの結像過程は射影変換 (projection transformation) で基礎づけ

---

[1] 近年のデジタル技術の進展で，画像は $x, y$ 方向について離散的に扱われ，その単位を画素 (pixel) といいます．また強度も離散的に扱われ，2 進法からくる 2 のべき乗ごとの，例えば 8-bit($= 2^8$), 256 階調 などと表現されます．

[2] その集大成が Born & Wolf "Principles of Optics"（和訳「光学の原理」（東海大学出版）です．

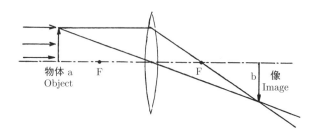

図 3.1　凸レンズによる結像の光線図.

ることができます[3]．その結像過程は 3 次元的に対称的な物理系ではなく，通常 $z$-軸にとった光軸方向へ波動が進むことを前提にして，物体面の 2 次元的な情報が，$z$-方向の離れた像面に転送されることを考えています．

すなわち，レンズによる結像 (image formation) は波の伝播を利用した物体から別の面（像面）への写像過程と考えることができます．このとき，物体上の点と像面上の点とは一対一の対応をなし，物体下面の光の強度分布は歪みなく伝達され平面状の像になり，像は物体と相似形となるものを「理想的な光学系」といいます．この条件を満たすために重要な点は「光線は光軸に近接してそれに平行に近い」（近軸条件）と凸レンズなどの結像装置に欠陥（収差）がないということです．

光波が電磁波であることを考えると，波が空間中を伝搬する性質の根源はすでに述べたように空間中の電場と磁場の関係を記述するマクスウェル方程式です（式 (1.1)–(1.4)）．この方程式から波動方程式が導かれるというところが一番重要な点です．電場ベクトルや磁場ベクトルが平面波または球面波として 3 次元空間中を伝播します（図 1.9）．平面波のこの伝播作用を使って離れたところに写像します[4]．

一方，電子顕微鏡で使う電子は 19 世紀末に粒子の形で発見されましたが，それが原子のような試料と相互作用するときは量子力学に従う波動として振る舞います．その基礎は時間に依存するシュレディンガー方程式です．

$$i\hbar \frac{\partial \psi}{\partial t} = \left( \frac{-\hbar^2}{2m} \nabla^2 + V \right) \psi \qquad (3.1)$$

---

[3] 第 1 章脚注 6) 参照．
[4] 厳密な光学理論は光波の偏り（偏光）も考慮に入れたベクトル式を使った理論です．ただし通常は光波の振幅成分のみを考えたスカラー理論でほとんどの現象が説明されます．前者については Sommerfeld の「光学」（和訳，講談社）を参照してください．

ここで $\psi$ は電子の状態を表す波動関数, $V$ は試料内部の静電ポテンシャル分布です. $m, \hbar$ はそれぞれ電子の質量およびプランク定数 $h$ を $2\pi$ で割ったものです.

この場合は, 電磁波のように時間 2 階, 空間 2 階の波動方程式ではなく, 複素数 $i$ を含む拡散型偏微分方程式が電子波の伝播を決めます.

ただし定常状態の場合は, 時間因子 $\exp(-2\pi\nu t)$ を除くと, マクスウェル方程式と同様に, このシュレディンガー方程式も式 (3.3) のヘルムホルツ型方程式になりますので, 光波の伝播と同じ理論が使えることになります.

$$\nabla^2\psi + k^2\psi = 0 \quad \left( k = \frac{\omega}{c} \right) (\text{電磁波}) \tag{3.2}$$

$$\nabla^2\psi + \frac{2me}{\hbar^2}(E+V)\psi = 0 \quad (\text{電子波}) \tag{3.3}$$

ここで式 (3.3) の $E$ は加速電圧です. この式は真空中 $(V = 0)$ で平面波の解をもつので, 物体から離れた像面への写像過程に用いることができます.

すなわち 1 秒前後で像を記録する通常の電子顕微鏡[5] の基礎となる電子の散乱過程とその後の伝播過程は式 (3.3) の定常状態のシュレディンガー方程式（ヘルムホルツ型方程式）で取り扱えるという点が重要なことです（付録 A.4 参照）.

## 3.2 レンズの公式と凸レンズの役割

次に, この "写像過程" にとって重要な凸レンズについて復習しましょう. 波動方程式だけでは平面波や球面波が遠くへ伝わっていくだけで, 結像にとってもう 1 つの重要な性質である物体と像とが「1 対 1」の写像関係になることが成立しないのです. このために 1 点から出た光を収束させて再び 1 点にする必要があります. これが凸レンズの働きです.

有名な薄肉レンズの公式は高等学校の物理教科書にも書かれてあるように, 図 3.1 の凸レンズによる倒立像の作図から, レンズの前後の三角形の相似性を

---

[5] 最近, 半導体や金属表面をパルスレーザー励起して放出される光電子を利用する電子銃が開発されており, これをパルス動作で使った TEM では数 10 ピコ秒で 1 枚の写真撮影ができます. この動的透過電子顕微鏡 (dynamic TEM; DTEM) の結像理論には時間に依存した散乱理論が必要とされるかもしれません.

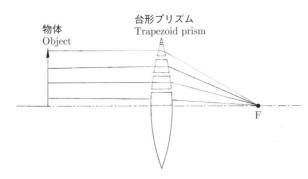

**図 3.2** 凸レンズは台形プリズムが積層したもの．光線は各々の台形プリズムで異なって屈折し焦点に集まる．

使って，簡単に求めることができます．

$$\frac{1}{a} + \frac{1}{b} = \frac{1}{f} \tag{3.4}$$

レンズの左側から入射する平行光線が後焦点 $F$ に向かうことと，レンズの中心を通る光線はそのまま直進するという事実を使うと，図 3.1 に示すように，レンズの前焦点より少し外側の a の位置に置かれた点光源はレンズの反対側の b の位置に点像を結ぶことが理解できます．

厚さの薄い軸対称磁場を使って電子ビームを絞ったり，透過電子顕微鏡の結像を考えるときにもこの薄肉凸レンズの公式を使うことができることが Busch (1927) により実験的および理論的に証明されました(3.4 節参照)．電子線でもこの公式を使うことができれば，光学顕微鏡と同様に磁場レンズを組み合わせて電子による透過顕微鏡ができるわけです．

また，凸レンズは別の観点から眺めると，図 3.2 に見るように台形プリズムが光軸から動径方向に積層した構造をもっています．これに左側から入射した平行光線は，レンズの高さ（レンズの右側ではレンズを使う角度になります）に応じて頂角が大きくなっていく台形プリズムを通過し，その結果屈折角が大きくなっていき，レンズの右側の焦点にすべての光線が収束すると考えることができます．このように光線で考えることを幾何光学といいます．

一方，左側から入射する平行光線を波動光学的に平面波と考えると，ガラスの厚さが光軸からの高さで異なるわけですからガラス中を通過する距離がその高さに応じて小さくなっていきます．光がガラス中を通過するときは屈折率は

1.5 程度で，空気中のそれの1より大きいので，光は実際の幾何学距離より大きく感じます．屈折率を考慮したこの距離を光学距離といいます．そのため右側に出てきた波は真空を通ったときより位相が進んでいます．

「位相」とは初めての方にはわかりにくい概念ですが，例えば，波の最大振幅すなわち「山」が出現する状態を表す物理量であると考えていただければよいと思います．単位は無名数のラジアンです．

図3.2で示したように，ガラスの凸レンズは光軸からの高さに応じて平面波に位相ずれ（位相変調）を起こさせるものなのです．異なる位相ずれをもつ種々の平面波がレンズの右側で干渉して，結果として焦点のところだけの強度が強くなり，他のところの強度はほとんどなくなるというのが，波動光学として考えた凸レンズによる光の収束作用なのです．

凸レンズをこのように「位相変調フィルター」とみる考え方は，電子顕微鏡で結像したりビームを絞ったりすることを理論的に考える場合にも大変重要です．そのために電気信号の伝達関数の考え方を援用して，顕微鏡学では「レンズ伝達関数」(lens transfer function) という概念を導入して使っています（3.7.5項参照）.

## 3.3　光学顕微鏡の発明

光学顕微鏡の発明は16世紀末にオランダのJassen父子が2枚のレンズを使って物体を拡大する装置を作ったのが最初だといわれています．科学測定器としての確立は17世紀中頃の英国のHookeによるコルクの観察や，オランダのLeauwenhoeck（図3.3(a)）による赤血球や精子の観察に始まります．Jassenの装置では2枚のガラス製凸レンズを使って試料の像を拡大しましたが，Leauwenhoeckの場合，1枚のレンズだけで鮮明な像が得られ，倍率は200倍程度であったそうです（図3.3(b)）.

これらの装置では薄肉レンズの公式がそのまま使えます．しかし完全な収束を保証する放物面ではない球面の凸レンズを使うため，後で述べる球面収差や，ガラスの屈折率が光の波長によって異なることから起こる色収差，そしてレンズの開口が有限であることに起因する回折限界 (diffraction limit) による像のボケはさけられませんでした．

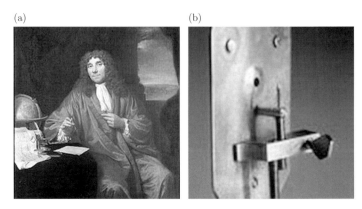

**図 3.3** (a) Leauwenhoeck の肖像画と，(b) 彼が作った光学顕微鏡．試料は尖がったネジの先に付ける．板の孔の内部に凸レンズが取り付けられている単レンズの光学顕微鏡である（Wikipedia より）．

　光学顕微鏡の分解能は 19 世紀末までに Rayleigh や Abbe らによって詳細に研究され，多重の貼り合わせレンズで上記の収差を補正すれば，次の式 (3.5) のように波長とレンズの開口（または開き角）によって決まることがあきらかになり，理論的にも確立したかのように見えました．しかし 1950 年に Hopkins らが光学顕微鏡の照明の干渉性に注目し，分解能はこれにも影響を受けることを明らかにしました[2]．

　レンズ結像の光学顕微鏡の分解能はアッベの式より，

$$\delta = 0.61\lambda/\sin\alpha_{\max} \tag{3.5}$$

で与えられます．ここで $\alpha_{\max}$ は試料がレンズを見込む最大の角度の半分です．

　光学顕微鏡の次なる進展は，本書の中心題目である走査透過電子顕微鏡 (STEM) と同様な結像原理をもつ，細く絞った光の走査によって結像するレーザー走査顕微鏡の出現によってもたらされました．

　このレーザー走査顕微鏡は細胞組織などに付着させた蛍光体分子の励起発光を利用するレーザー走査蛍光顕微鏡としてさらに発展し，波長以下の分解能を実現するまでになりました．この研究により開発者の Hell らは 2014 年度のノーベル化学賞を受けています．

　さらにレーザー走査顕微鏡は，伝播する光をレンズによって集光して結像するのではなく，伝播しない光（= 近接場光）を結像に使うという新しいアイデ

アを人類にもたらしました[6].

## 3.4　電子にとっての凸レンズと透過電子顕微鏡の発明

1920 年代中頃にドイツでは陰極線オシログラフの輝点を明るくする研究がなされていました[7]. この装置は，19 世紀の終わりに英国の Thomson が比電荷を測定するときに用いた静電場による電子の偏向現象を使って，高速で変化する外部入力電圧を蛍光板上の輝点の動的軌跡として測定しようとする装置でした．今で言うオシロスコープです．この電場偏向の理論については高等学校の物理教科書にも詳しく説明されていますね．

この実験の中で電子線の進行方向と直角な平面上に置いた，薄い円形のコイルが電子線を収束する作用があることが見い出されました．円形電流が凸レンズの働きをすることは，運動する荷電粒子が作る電磁ポテンシャルで有名な Wiechert (1899) がすでに気がついていたようですが，ニュートンの運動方程式と電磁気学のローレンツ力の式を使って薄い円形コイルによる凸レンズの理論を確立したのはドイツの Busch (1927) です．また米国でテレビ用撮像管の研究をしていた Zworykin (1945) も大きな貢献をしました．

ここで電子の軌道を解析する基本式は，古典力学のニュートンの運動方程式と磁場中で運動する荷電粒子が受けるローレンツ力の式 (3.6) です．

$$m\frac{d^2\boldsymbol{r}}{dt^2} = (-e)\,\boldsymbol{v} \times \boldsymbol{B}. \tag{3.6}$$

この方程式を光軸を $z$-軸とする円筒座標 $(r, \phi, z)$ で書いたものは，

$$m\left(\ddot{r} - r\dot{\phi}^2\right) = -e\dot{v}_\phi B_z \tag{3.7}$$

$$m\frac{1}{r}\frac{d}{dt}\left(r^2\dot{\phi}\right) = -e\left(v_z B_r - v_r B_z\right) \quad (v_z t = z) \tag{3.8}$$

です．ここで変数の上の点は時間微分を表します（2 点は 2 回微分）．

この式を使って，電子の軌道（幾何光学的軌道）を計算します（Hawkes & Kasper, 1989; 上田, 1982）．電子は光軸周りに回転しながら $z$-方向に進むらせん軌道を描きます（図 3.4）．これを Larmor 回転運動といいます．

---

[6] 例えば，大津，小林「近接場光の基礎」（オーム社，2002）を参照してください．

[7] 日本でも 1928 年に電気試験所（後の電子技術総合試験所，現在の産業技術総合研究所）の笠井らにより同様の研究がなされていたことは注目すべきことです．

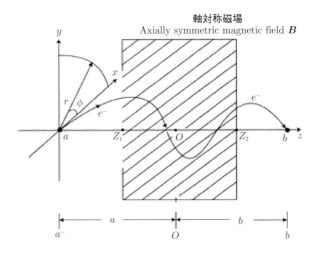

**図 3.4** z-軸（光軸）に対称な静磁場中の電子の運動の模式図．電子はらせん軌道を運動する．

まず $r$ と $\phi$ の変化を見てみましょう．$B_z$ を，光軸上である $r=0$ での磁場 $B(z)$ に変え，光軸近傍の電子の軌道（近軸近似）を考えてみると，$\dot{\phi} = \frac{e}{2m}B(z)$ が得られます．すなわち電子は光軸周りにその局所磁場を感じて Larmor 回転するのです．この周波数のことを Larmor 振動数といいます．$z$-方向の電子の速度は $v_z = \sqrt{\frac{2eE}{m}}$ ですので，積分をすると，

$$\phi = \sqrt{\frac{e}{8me}} \int_{Z_1}^{Z_2} B(z)dz \tag{3.9}$$

となります．

次に，動径方向 $r$ の変化を考えます．$v_\phi = r\dot{\phi}$ の関係式と式 (3.9) を使うと次の微分方程式が得られます $\ddot{r} = -\frac{e^2[B(z)]^2}{4m^2}r$．特殊相対性理論を考慮しない $\frac{d}{dt} = \sqrt{\frac{2eE}{m}}\frac{d}{dz}$ の関係式を使うと，次の微分方程式が得られます．

$$\frac{d^2r}{az^2} + \frac{e[B(z)]^2}{8mE}r = 0 \tag{3.10}$$

この方程式は光軸からの動径方向への電子の距離，すなわち電子の収束を決める式となります．

この式を使って，電子レンズの焦点距離を定式化することができます．上述

したように電子は光軸周りで回転していますが，収束するかどうかは光軸からの距離 $r$ の変化を見てやればよいわけです．

試料空間の点 $A(z = -a)$ と像空間内の点 $B(z = b)$ を考え，式 (3.10) を積分してみます．

$$\left(\frac{dr}{dz}\right)_b - \left(\frac{dr}{dz}\right)_{-a} = -\frac{e}{8mE}\int_{-a}^{b} r\,[B(z)]^2\,dz \tag{3.11}$$

積分区間 $(z_1 < z < z_2)$ の中で磁場がほとんどないところは，電子の光軸から距離は大きく変化しないことが期待されます．そのときは $r(z) = r_l$ とおいて，次の条件を課すことできます．これを「薄肉レンズの近似」とよびます．

$$a\left(\frac{dr}{dz}\right)_{-a} = -b\left(\frac{dr}{dz}\right)_b \tag{3.12}$$

点 A での傾きは良い近似で $r_l/a$ と書けますから，次の方程式が導かれます．

$$\frac{1}{b} + \frac{1}{a} = \frac{e}{8mE}\int_{-a}^{b} B^2(z)\,dz = \frac{e}{8mE}\int_{Z_1}^{Z_2} [B(z)]^2\,dz \tag{3.13}$$

点 A を左の無限大にもっていくと考えると $(-a \to -\infty)$，点 B は焦点位置になります．したがって，凸レンズの焦点距離の公式が下のように求められます．

$$\frac{1}{f} = \frac{e}{8mE}\int_{Z_1}^{Z_2} [B(z)]^2\,dz \tag{3.14}$$

式 (3.13), (3.14) は薄いガラスの凸レンズの公式である式 (3.4) と同じです．焦点距離は，電子レンズの磁場の $z$-成分と電子線のエネルギーで決まることがわかります．

後に説明する de Broglie による電子の波動論 (1923)，それに続いた Davisson & Germer (1927) および G.P. Thomson (1928) の反射および透過電子回折の実験，そして上記の軸対称静磁場による凸レンズの理論が準備されれば，すでに装置として確立していた光学顕微鏡にならって，透過電子顕微鏡 (TEM) の発明が 1931 年に Ruska らによりベルリン工科大学でなされるのも科学技術の必然的な流れでした．

図 3.5 は Ruska の TEM のレプリカで，上部に電子線源，左側にレバーが出ているところに試料を入れ，その下の少し大きな円筒が対物レンズ，そして下

図 3.5 Ruska らが開発した世界初の透過電子顕微鏡 (TEM) のレプリカ（ミュンヘンのドイツ博物館で筆者撮影）．

の大きな円筒の真空槽の中に蛍光板があり，拡大像を横の丸い窓から観察します．電子線は上から下へ進行します．

ここで試料とは，数 10 nm の厚さに薄片化した単結晶か，または数 nm の厚さの蒸着炭素膜の上に単原子や触媒微粒子またはウイルスなどを載せたものです．なぜなら，単原子を TEM 鏡体の光軸上に，なにも無しで静止させておくことはできないからです．この単結晶や炭素支持膜を 3 mm 径の銅のメッシュにのせて，さらに $x, y$ 方向に動かせる試料ホルダー装置に装着します．

## 3.5 透過電子顕微鏡 (TEM) による単原子の観察

TEM が発明された後，まず研究課題になったのは光学顕微鏡では見えないウイルスなどの観察，金属の転位の観察，そして X 線回折で測定されている結晶の

格子面の観察でした．転位と格子面の電子顕微鏡観察は英国の Whelan (1957) と Menter (1956) によってなされ，その次の課題は TEM で孤立した単原子が見えるかというものでした．

それを実現するために用いられたのが TEM の「位相コントラスト法」です．Crewe らによる STEM 法を使った単原子の観察と比較する意味でその方法を少し見ておきましょう．

光学顕微鏡の場合，細胞などはほとんど透明でそのままでは見えにくいので，染色という方法で組織に重金属原子を付着させます．その重原子の集合体が光を吸収することによって，入射した光は振幅が減少し，その部分が拡大像では黒く見えて，ものの存在が認識されます．これを「振幅コントラスト法」といいます．

一方，電子線を単原子や原子集合体に入射したときは，前述のように原子の静電ポテンシャルによって電子は曲がりますが，吸収されて電子の量が減少するわけではありません．すなわち原子を見るのに「振幅コントラスト法」は使えないわけです．

入射した波が試料の情報をもってくるもう 1 つの方法は「位相の変調」を使うことです．ただし，光などの記録では振幅の絶対値の 2 乗が強度になるので，位相情報は記録することができないという問題があります．

この事情は，染色していない生きた細胞を観察するために，Zernike (1935) が「位相差光学顕微鏡」を開発する以前の状況と同じでした．それでは電子顕微鏡研究者はどうやって，この問題を解決したのでしょうか．

Scherzer (1949) は位相変調のみを起こす単原子を観察する方法を理論的に考えました．そして試料を通り抜けた電子波の位相変調を像面の上では振幅変調に変換する方法を見つけました！

彼はこのために，対物レンズの球面収差と焦点はずれ（1 次の収差）を使いました．すなわち数 mm の大きさの係数をもつ球面収差 ($C_s$) をそれと逆符号の収差に相当する不足焦点はずれ ($-\Delta f$) でまず打ち消し[8]，さらに上記の位相変調を振幅変調に変える焦点はずし（デフォーカス）条件を理論的に見つけ

---

[8] TEM の対物レンズの収差関数の表式は後述の式 (3.21) です．第 1 項が球面収差に依存する位相変化量，第 2 項がデフォーカスによる位相変化量です．もしレンズをアンダーフォーカス（不足焦点）側 ($\Delta f < 0$) にすると，第 2 項で第 1 項を打ち消すことができます．

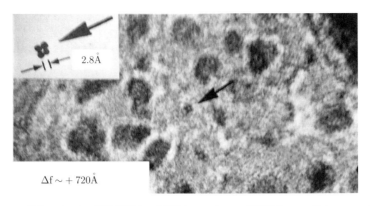

図 3.6 酸化ベリリウム単結晶膜中の金原子クラスターの高分解能 TEM 像 ($E = 100\,\text{kV}$) (Mihama & Tanaka, 1976).

たのです．

　これは，Zernike が位相変調しか与えない生物試料から振幅コントラストを得るために，透過波の位相を $\pi/2$ 変える $\lambda/4$ 波長板をレンズの後焦面に挿入したのと理論的には同じことでした．

　この場合，単原子は背景より負の振幅にして黒点として結像することができます．もののあるところが背景より暗いというのは我々の眼の感覚と同じです．これを明視野像といいます．一方夜空の星のように暗い背景の中にものの存在としての輝点が現れるものを暗視野像といいます．

　この TEM 理論に従って 1970 年代初頭に単原子およびその集合体の TEM 観察が勢力的になされました．このためには単原子を支える支持膜のノイズ (像) を極小にしなければならない実験的苦労もありました．グラファイト (Hashimoto et al. 1971; Iijima, 1977) や酸化ベリリウム (BeO) の単結晶薄膜 (Mihama and Tanaka, 1976) などが支持膜として使われ観察が行われました．図 3.6 の真ん中の 4 つの黒点は筆者らが観察した，酸化ベリリウム中に埋め込まれ 0.288 nm 離れた 4 個の金原子よりなるクラスターの位相コントラスト像です．

　位相コントラストを使って結晶中の原子面を観察するもう 1 つの方法は，結晶から出るブラッグ反射波と透過波を像面上で交差させて得られる干渉縞を使うことです．この干渉縞の黒線の間隔がちょうどブラッグ反射を起こさせた原子面間隔の倍率倍になることが簡単な幾何学で証明できます．そのため「格子像」とよばれるようになりました．

**図 3.7**　1.19 nm 間隔の白金フタロシアニン (20$\bar{1}$) 原子面の世界初の格子像 ($E = 80\,\mathrm{kV}$) (Menter et al., 1958).

この方法で 1956 年に英国の Menter は白金フタロシアニンの 1.19 nm 間隔の (20$\bar{1}$) 格子面を初めてフィルムに記録することができました（図 3.7）. 1960 年代には金の単結晶薄膜を使って，0.203 nm 間隔の金の (200) 格子面も分解されるようになりました．これらの観察には日立中央研究所の Komota（菰田）や東北大学の Yada（矢田）らの日本人も大きな貢献をしました．この格子像を撮影するときに対物レンズのフォーカス条件を適正に調整すると，その振幅最大のところを結晶の原子面にちょうど対応させることもできます（その逆も可能）．

さらに結晶の単位胞中の原子コラム配列を可視化する試みは，この格子像の結像原理を多数のブラッグ反射波を対物レンズに取り入れるように拡張した「構造像」(structure image) 法でなされました．これは多波の干渉ですので，2 次元のフーリエ合成（付録 A.6 参照）を電子顕微鏡内でやっていることに相当します．

1970 年京都大学の Ueda（植田）らは，周辺基を塩素化した銅フタロシアニンの単位胞の投影像の観察に成功しました（図 3.8）. 図中の黒色の菱型がフタロシアニン分子の重なりに対応します．次いで 1971 年アリゾナ州立大学の Iijima（飯島）らはナイオビウム酸化物の単位胞内の原子配列を可視化し，格子欠陥の様子を詳細に観察しました（図 3.9）.

しかしながら，この Scherzer の位相コントラスト法は対物レンズの球面収差

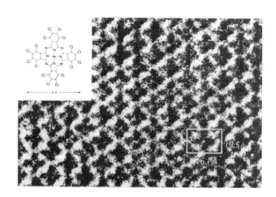

図 3.8 銅フタロシアニン結晶膜の高分解能 TEM 像 ($E = 100\,\text{kV}$) と分子構造の模式図（左上）(Ueda et al. 1970).

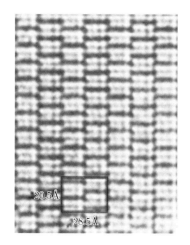

図 3.9 酸化チタンニオブ化合物 ($\text{Ti}_2\text{Nb}_{10}\text{O}_{29}$) の高分解能 TEM 像 ($E = 100\,\text{kV}$) (Iijima, 1971).

と焦点はずれを巧みに制御して，位相変調した試料直下の波から像面での振幅像を得る方法です．そのため顕微鏡の撮影条件や試料膜厚の微妙な変化によっても回折波の位相が変化し，原子や原子コラムのコントラストが黒から白に変わってしまうことも起こり，材料研究者にとってはもろ手をあげて迎えられた直截的 (intuitive) な方法ではなかったのです．

一方，Crewe らにより 1968 年以降に開発された ADF-STEM（図 2.6）では，

レンズは電子線をサブナノメーターに絞る目的だけに用い，電子プローブの当たっている単原子の散乱断面積を散乱波の強度として検出して（式(2.3)参照），それを電子プローブの$x, y$-方向の走査と同期させて像を描画するという原理的には単純な方法を使っています．断面積は正の物理量なので，像は電子の量が多いことを示す輝点となって現れます（図2.8-2.14）．TEMの明視野像のように，原子像が背景より負の像強度である黒い，または条件によっては白いコントラストを示すことはありません．この原理的単純さがSTEM法の最大の特徴です．

## 3.6　電子線走査による原子の結像

次に走査透過電子顕微鏡 (STEM) による単原子や原子列の観察に話を進めましょう．その前に走査法による結像や送像法の開発の歴史を概観しておきましょう．

### 3.6.1　テレビ像の送信と受信

19世紀後半からの写真フイルムを使った映画技術の進展により，人類の次の希望はこの映像をラジオ電波で遠方に送りたいということにありました．このための Farnsworth (1921) の思いつきは，画像を横線に分割してそれぞれの線上の黒白情報を横方向に順にラジオ電波で送ることでした．彼はこのアイデアを直線状にならんだ苗穂を見て思いついたと言われています（図3.10）．

1次元的な黒白に画像に分解できれば電線を流れる電気信号の強弱の時系列

図 **3.10**　水田における苗穂列の写真（一宮教授のご厚意による，2010）．

と同じですから，線上の横方向座標と電気信号の時間変化を関係付けて，これを信号の波として遠方に電線また電波で送ることができます．これが走査法による画像記録および送出の基本です．ここで画像の座標と電気信号の時間変化を送信側と受信側で合わせることを「同期」といい，映像の送信と受信には大切なポイントです．

Farnsworth の最初の装置 (1927) は機械式走査装置を含んでいたので，画像が小さいという問題がありました．同時期に日本でも送信側に同様な機械式円板を使ったテレビ装置の開発が現在の静岡大学工学部の Takayanagi（高柳）(1926年) らによって行われたことはよく知られていることと思います．

このアイデアは後年 RCA 社の Zworykin (1945) によって送信側も電子管の中で実現され，現在のテレビ撮像管の基礎が確立されました．撮像管の中では，電子銃からの細い電子ビームが外からの光の像の写った光電面を走査することにより，画素ごとの電荷量を取り出しています．この電荷量が光電面に外からレンズで結像された物体の像強度に比例することを使っています．

この走査法による形像は，ファクシミリにも応用されました．新聞用の写真画像などを細かな画素に分け，その黒化度を反射光を使って順に左上から走査しながら検出し遠方に送信するものです．例えば九州で記者が撮影したフィルムを飛行機で運ばなくても，東京で再現して印刷できるようになったのです．現在ではこれはスキャナーとして家庭にまで普及しているので皆さんにもおなじみでしょう．

このような走査法で像を作る技術はこれから説明する走査透過電子顕微鏡 (STEM) に密接に関係しているのです．近年は，これにデジタル技術が組み合わさり，離散的な画素 (pixel) というものが明確に定義され，また信号強度も離散的になっています [1].

### 3.6.2　走査法による電子顕微鏡

上記のように 1930 年代初頭に米国，英国，ドイツおよび日本でテレビ技術開発が行われました．同時代性を反映して透過電子顕微鏡もレンズ結像方式（図 3.11(a)）と合わせて，走査像方式も検討されました（図 3.11(b)）．Ardenne は図 3.12 に示すように，スリット (B, C) で絞った電子線を試料 (D) に当て，下に透過してきた電子線強度を巻紙状のフィルムに記録する方法で走査透過電子顕微鏡 (STEM) 像を得ることを試み，数々の困難の後に酸化亜鉛 (ZnO) の像

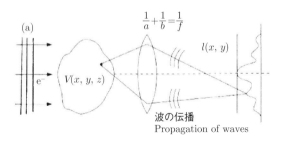

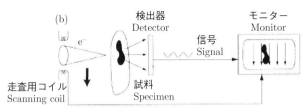

図 **3.11** (a) レンズ結像法と (b) プローブ走査結像法を電子に適用した場合の概念図.

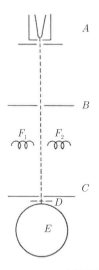

図 **3.12** Ardenne の STEM (Oatley, 1972 より複製). 電子線は A の電子銃で生成し,上部から下部へ進行し,試料 D を透過した強度が巻紙状のフィルム E に記録される. B, C は絞り. F は走査用コイル.

を記録することに成功しています.これが本書の中心的内容である STEM の原型です.

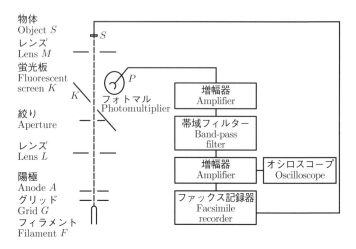

**図 3.13** Zworykin らの走査電子顕微鏡 (SEM). 電子線は下から進行し, S が試料. 試料から下方に出た 2 次電子が斜めの蛍光板 K に当たり光に変換されたのち, フォトマルティプライヤー P で電気信号に換えられ, 右下部のファクシミリ記録器で画像化される（Oatley 1972 より複製）.

一方, 試料からの反射電子線や 2 次電子線を使って走査方式で試料の像を得ることは, RCA 社の Zworykin ら (1942) によってなされました（図 3.13). これが現在の走査電子顕微鏡 (SEM) の原型です. SEM はこの後英国で大きく発展し (Oatley, 1972), 微小電子線を使った X 線分析法である electron probe micro analyzer (EPMA) も McMullan (1953) らにより生み出されました. この装置は鉄材をはじめとして金属材料の不純物の定量解析を通じて材料開発に大きく貢献しました.

走査透過法による電子顕微鏡の重要な点は, 図 3.11(b) に示すように電子ビームを絞るためだけにレンズを使い, 試料の下には原理的にレンズはないということです. 像は画素とその強度の時系列変化という「部品」に分解され, 電線の上を像の表示管（初期はブラウン管）まで送られ, その表示管の上で再び試料側の走査と同期した走査方式によって像が描かれるのです. もし試料中で電子線がエネルギー損失しても, すでに収束レンズによってビームは絞られてしまっているので, それより下の結像がレンズ自身の色収差で大きく劣化することはないのです.

## 3.7 細い電子ビームの作製法と走査法

### 3.7.1 凸レンズで絞る

まずどのようにしてナノメーターサイズの電子ビームを得るのかを説明しましょう.

3.2 節で結像に関わる物体と像との関係を示す薄肉レンズの公式を説明しました. もしレンズの光軸に平行に平面波を入射すると，後焦点面と光軸との交点にスポットが得られるというよく知られた性質があります. このスポットを電子線を使ってサブナノメーターサイズで実現し，形像や分析に使っているのが走査透過電子顕微鏡 (STEM) や走査電子顕微鏡 (SEM) です.

### 3.7.2 収差や焦点はずれによるボケ

凸レンズに球面収差があると，大きい角度で収束するビームは後焦点面より手前に収束してしまい，後焦点面 (F) ではスポットでなく拡がりをもった円板になります（図 3.14）. これをボケ (blur) または収差 (aberration) といいます. このボケの横方向の大きさは収束角 ($\alpha$) の 3 乗に比例するので 3 次の収差といいます.

もし球面収差がなくても，後焦点面から前後の面ではスポットでなく円板になります. これを焦点はずれ（デフォーカス）によるボケとよびます. このデフォーカスによるボケは，図でわかるようにビームの収束角 $\alpha$ に比例するので 1 次のレンズ収差として分類されます.

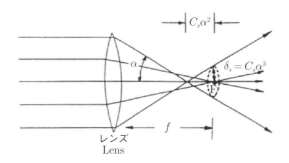

図 **3.14** 凸レンズで収束するときの球面収差によるぼけ（点線）の説明図.

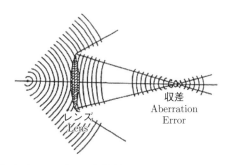

**図 3.15** 凸レンズで収束するときの回折収差 (diffraction error) によるぼけの説明図（故上田良二教授直筆）．

この他にもレンズの大きさが有限であるため，平面波を収束しても無限小のスポットになりません．これを回折収差 (diffraction error) といい，すでに光学顕微鏡の式 (3.5) のところで説明しました（図 3.15）．

以上まとめると，軸対称静磁場の凸レンズで絞った電子プローブ径は次の式で計算できます (Reimer & Kohl, 2010)．

$$d = \sqrt{(0.5)^2 C_s^2 \alpha^6 + C_c^2 \left(\frac{\delta E}{E}\right)^2 \alpha^2 + (\delta f)^2 \alpha^2 + (1.22\lambda)^2/\alpha^2 + 0.4i/B\alpha^2} \tag{3.15}$$

第 1 項から球面収差（収差係数 $C_s$）によるボケ，色収差（$C_c$），焦点はずれ（$\delta f$）によるボケ，電子が波の性質をもつためのボケ（= 回折収差），そして電子銃によって決まるプローブ径です．第 5 項の $B$ は輝度という電子銃の明るさを表す物理量です．$\alpha, \delta E, \delta f, i$ はそれぞれプローブの収束角，加速電圧のゆらぎ，デフォーカス量およびプローブ電流です．また，第 1 項の前の係数は 2 点を分解できたとする「しきい値」から決まるものです．第 2 項の色収差については 8.3 節で説明します．

式 (3.15) は電子の動きを光線で考える幾何光学理論と，電子は波であると考える第 4 項の波動光学理論の折衷から構成されています．

### 3.7.3 STEM 用電子線プローブの輝度，電子銃

上の式 (3.15) の最後の項が，電子銃自体によってきまるスポット径です．これをガウス径といいます．実際の STEM で用いる細く絞った電子線は，図 3.16 に示す装置の上部のウェーネルト電極下に，電子銃からの電子が再収束したク

## 3.7 細い電子ビームの作製法と走査法 55

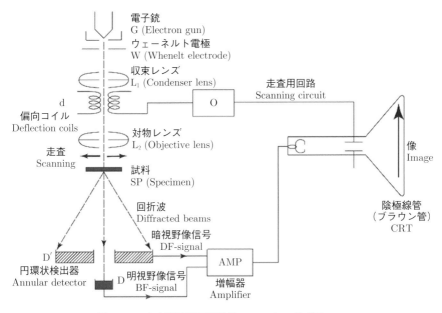

図 **3.16** 走査透過電子顕微鏡 (STEM) の模式図.

ロスオーバーを 1~2 段のコンデンサーレンズと対物レンズの前方磁場で縮小して作り出します．このプローブ径は電気的外乱などの副次的なものを除けば，式 (3.15) のように電子銃の輝度（単位立体角あたりの電流密度）と最終段の収束レンズの収差で決まるのです．

レンズ径が十分大きく無収差の場合は第 5 項のみで，プローブ径は次の式 (3.16) で決まります．

$$d = \sqrt{\frac{0.4i}{B\alpha^2}}, \quad i = \frac{en_i}{\Delta t} \tag{3.16}$$

ここで $n_i$ は，時間 $\Delta t$，単位面積あたりの入射電子の個数，$\Delta t$ は試料上の 1 点でのプローブの滞在時間です．式 (3.16) の第 1 式は輝度の定義そのものですが，次に導いてみましょう．

輝度 $B$ は単位面積 ($m^2$) あたりの放出電流量 ($A$) を放出角の立体角で割ったものです．輝度の単位は $A/m^2 sr$ で，$sr$ は立体角の単位でステラジアンと読みます（図 2.2(a) 参照）．この $B$ を使うと $B\pi \left(\frac{d}{2}\right)^2 \pi\alpha^2 = i$ となります．ただし，$\alpha$ は小さいので，頂角 $2\alpha$ の円錐の立体角は近似して $\Delta\Omega = 2\pi(1-\cos\alpha) \simeq \pi\alpha^2$

としました．この式から式 (3.16) の最初の式が出ます．また第 2 式は電流の定義そのものです．

　輝度 $B$ の値は $100\,\mathrm{kV}$ の加速電圧の熱電子銃では $\sim 10^5\,\mathrm{A/cm^2sr}$ であるのに対し，電界放射型電子銃 (field emission gun; FEG) では $\sim 10^8\,\mathrm{A/cm^2sr}$ であり，3 桁の開きがあります．このため，原子レベルの分解能が必要な STEM では FEG の装着が必須です．

　一方 STEM 像や SEM 像を形成する場合の像信号とノイズ（S/N）の観点より，像のコントラスト (C) との間に次の条件が課せられます．まず像のコントラストを次の式 (3.17) で定義します．

$$C = \frac{\Delta n_i}{n_i} = \frac{（実効の信号幅）}{（バックグラウンド）} \tag{3.17}$$

ここで $n_i$ は画素 (pixel) あたりに入射した電子のうちでバックグラウンド強度になったものです．$\Delta n_i$ は試料の中の散乱現象や検出器の条件で決まる像信号です．

　入射電子はポアソン統計に従うので $\Delta N = \sqrt{N}$ の変動をもっています．明確な測定には $\Delta n_i$ は $\Delta N$ の 5 倍程度必要であることが，フィルム像やテレビ像を見るときの経験から割り出されています (Rose,1948)．したがって $\Delta n_i > 5\Delta N = 5\sqrt{n_i}$ より，次の式 (3.18) が導かれます．

$$C > 5/\sqrt{n_i} \tag{3.18}$$

この式をローゼの不等式といいます．

　この式より，コントラストを決めると式 (3.18) の不等式が成り立つように $n_i$ を大きくしなければならないことがわかります．

　$B, C_s, C_c, \lambda$ を固定したときの電子ビームの収束角 $\alpha$ とプローブ径 $d$ の関係を示す図 3.17 は，Everhart (1958) の図とよばれています．この径 $d$ は輝度 $B$ が十分大きい場合には，試料のすぐ前の最終段の収束レンズの球面収差と式 (3.15) の第 4 項の回折収差により制限を受けます．この議論は実は TEM の分解能の議論と本質的に同じなのです（8.2 節参照）．

　走査透過電子顕微鏡 (STEM) によって得られる現在の最小プローブ径は式 (3.15) の 3 次の球面収差項がほぼ完全に補正されるようになったので，$300\,\mathrm{kV}$ 加速電圧の装置で $0.05\,\mathrm{nm}\ (= 50\,\mathrm{pm})$ 以下に達しています (Sawada et al., 2014,

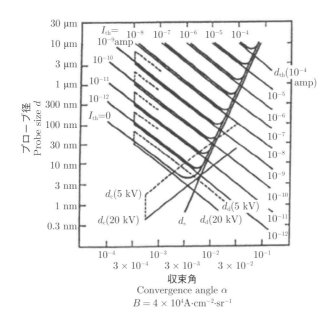

**図 3.17** 電子プローブの収束角とサイズの関係図 (Everhart(1958)).

Morishita et al., 2018). 人類はすでに原子の大きさよりもはるかに小さい電子の探針（プローブ）を実現しているのです．これが，最初に述べた，原子の大きさの 1/4 の「電子の筆」の正体です（1.2 節参照）．

### 3.7.4 電子ビームの走査法

電子ビームを 2 次元的に試料上を走査する方法には，1.2 節で少し述べたように，電場を用いた方法と磁場を用いた方法があります．テレビのブラウン管は走査用磁場をガラス管の首のところにあるコイルから印加します．オシロスコープなど高速の走査が必要なものは対向する平板電極を真空の中に設置して電場で偏向します．Thomson をはじめ，初期には電場を電子線の偏向のために使っていました．現在の STEM や SEM では磁場による方法が用いられています．磁場の場合の偏向力はローレンツ力の $e\boldsymbol{v} \times \boldsymbol{B}$，電場の場合はクーロン力の $e\boldsymbol{E}$ です．ここで $\boldsymbol{B}$ は磁場ベクトル，$\boldsymbol{E}$ は電場ベクトルです．

試料の上部で電子ビームを偏向すると試料上の照射点は移動しますが，同時に入射角度も変化してしまいます．電子波を結晶に入れた場合のブラッグ回折

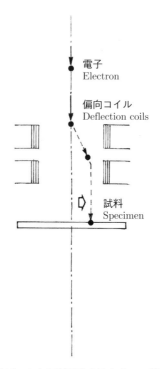

図 **3.18** 試料上で電子ビームを平行移動するための 2 段の偏向コイルの機構図.

角は $10^{-2}$ rad（= 0.5 度）程度です．結晶中の電子回折現象により，わずかな入射角度の変化も出射強度に大きな変化を与えてしまいます．これでは純粋に試料上の各画素を走査しているようになりません．そのため，2 段の偏向コイルを設置して下のコイルで角度を振り戻し平行移動の走査ができるような工夫がされています（図 3.18）.

偏向力はそのコイルに流す電流によるので，この 2 組の偏向コイルをうまく調整する方法が確立されており，十分調整がなされれば，純粋な平行移動（走査）が実現します．

反対に照射点を固定して純粋に角度の方をふることもできます．これを「ロッキング (rocking) 走査」といい，入射角度を少しずつ変えて同じ場所からの電子回折図形を連続的に撮影するときに使います．

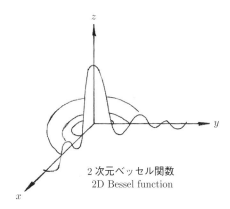

2 次元ベッセル関数
2D Bessel function

**図 3.19** 丸孔の回折図形であるエアリー回折図形を表す 2 次元ベッセル関数．中心の山が主要な電子プローブ強度になる．

### 3.7.5 フーリエ変換を使った収束と走査の記述

3.7.1 項で説明した凸レンズによる収束作用は，フーリエ変換（付録 A.6 参照）とよばれる積分操作によって数学的に記述することができます．レンズの外周で決まる瞳関数の 2 次元のフーリエ変換が収束プローブの強度プロファイルを決めるのです．このプロファイルを点拡がり関数 (point spread function; PSF) といいます．

次の式 (3.19) の $F(u,v)$ がレンズの瞳関数に相当するもので，それに指数関数をかけて全変数領域で積分することをフーリエ変換するといいます．丸い孔をフーリエ変換すると 2 次元面の動径方向に振動しながら減衰する 2 次元ベッセル関数が出てきます（図 3.19）．これは光学ではエアリー回折図形として知られています[2),3)]．

$$f(x,y) = \iint_{-\infty}^{+\infty} F(u,v) \exp\left[2\pi i(ux+vy)\right] du dv \tag{3.19}$$

もしこの $F(u,v)$ が全積分領域で 1 なら，上記の積分は指数関数の積分の式からデルタ関数を与えます．すなわち少しもぼけていない電子プローブです．

また収束したプローブを試料面上で $x, y$-方向に走査することは瞳関数 $F(u,v)$ に別の指数関数 $\exp\left[-2\pi i(ux_0+vy_0)\right]$ をかけることで実現されます．実空間での試料移動や原点の移動は，フーリエ空間では複素数関数のもつ位相のずれ

として表されます. ここで $x_0$, $y_0$ はプローブの位置座標です. さらに凸レンズに球面収差などがある場合は, 瞳関数に角度変数 $(u, v)$ に応じて波に位相変調を起こさせる, 次のような $\chi$ を変数とする指数関数を乗算することで実現できます.

この $\chi$ は波面収差関数 (wave aberration function) とよばれます[2]. その具体的な表式は, 収束用レンズの球面収差係数 $C_s$ と焦点はずれ量 $\Delta f$ で式 (3.21) で表されます (Tanaka, 2015).

$$\psi_p\left(x, y\right) = \int_{lens} \left[\exp\left(-i\chi\left(u, v\right)\right)\right] \exp\left[2\pi i \left(ux + vy\right)\right] dudv \tag{3.20}$$

$$\chi = 0.5\pi C_s \lambda^3 \left(u^2 + v^2\right)^2 + \pi\Delta f \lambda \left(u^2 + v^2\right) \tag{3.21}$$

ここで $C_s$ は収束用凸レンズの 3 次の球面収差係数, $\Delta f$ は焦点はずれ量で, 過焦点 (オーバーフォーカス) を正にとります.

このような知識は「フーリエ光学」として近年大学の講義にも取り入れられるようになりました. そして光学系をレンズ伝達関数の組み合わせで表現します. 代表的な教科書として Goodman "Fourier Optics" (1968) をあげておきます.

最後に一点記しておきたいことは,「絞る」すなわち「実空間で小さい」ということと,「収束角が大きい」(逆空間またはフーリエ空間で大きい) とは逆数の関係であることです. 照射領域の限定のない平面波なら収束角はゼロであるわけです. 電子ビームを原子レベルの極小に絞るためには大きい収束角が可能な凸レンズが必要です. しかし電子レンズは周辺を通る電子線については球面収差がある悪い単玉レンズです. したがって原子像を可能とする STEM 装置には対物 (収束) レンズの収差補正装置が必須であるわけです (8.7 節参照).

## 3.8 STEM の結像の実際

以上の知識を使うと, STEM 結像の詳細を図 3.16 を使って次のように説明することができます.

電界放射型電子銃 (field emission gun; FEG) のように微少な電子源 (G) から放出された電子は電子レンズ $L_1$, $L_2$ により直径 1 nm 以下に収束され, 2 段構成の偏向コイル (d) により試料 (SP) 上を走査されます. このとき, 試料の各点

から下方に透過および散乱された電子線は下方の検出器 (D, D') に入り，上記の走査信号に同期した時系列の電気信号が得られます．この時系列の信号強度を，右側の陰極線管 (cathode ray tube: CRT) の偏向器の電圧変化に同期させてテレビ像のように表示したものが STEM 像です．

STEM 像の倍率は SEM 像と同様に CRT の画面と試料上の走査領域の大きさの比で決まり，この変化は上記の偏向コイル (d) の励磁電流の振幅の変化でなされます．陰極線管またはブラウン管は現在ではデジタル液晶パネルにとって代わりました．

図 3.16 の下部に示した円環状検出器 (D') を用いると，多数の散乱波や回折波円板が重なった暗視野像の信号が得られます．このとき，回折波同士の重なり部分の強度である干渉項は，多数の干渉項強度が円環状検出器上で加算されることから互いに打ち消しあい，像信号が各回折波強度のほぼ単純和になります．こうして「非干渉条件での像強度」が記録されるのです（5.3.3 項参照）．この信号で形成した像は円環状検出暗視野 STEM 像（ADF-STEM 像）とよばれ，もののあるところが明るくなる原子直視型の暗視野像コントラストが得られます（図 2.8–2.14）．

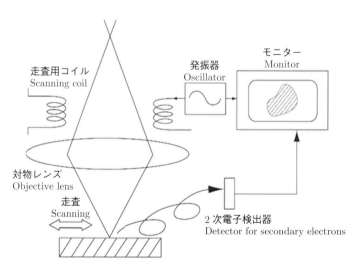

図 **3.20** 走査電子顕微鏡 (SEM) の模式図．電子線は上部から下部の試料に収束され，かつ横方向に走査される．その場所場所で発生した 2 次電子を右横の検出器で捉え電気信号に換え，走査像をモニターに表示する．

もし，試料上面に出てくる2次電子または反射電子の強度で像を作れば，STEM
装置を用いても走査電子顕微鏡 (SEM) 像が得られます．図 3.20 に通常の走査
電子顕微鏡 (scanning electron microscope; SEM) の模式図を示します．図 3.16
の STEM の模式図と比較してみてください．

# 第4章 粒子としての電子と波動としての電子

## 4.1 電子の本性とその発生法

　ここまで説明してきたように，顕微鏡について人類がこれまで蓄積してきた知識からの結論は，「0.1 nm 程度の大きさの原子を見るのには光より波長の短い波が必要である」，「電子は波としての性質ももち，15 kV 以上で加速された電子は 0.01 nm 以下の波長をもつ」，「電子にとって凸レンズに相当するものが軸対称の磁場や電場を使って作れる」，「電子を波として使えば光学顕微鏡をはるかにしのぐ微小観察装置が作れる可能性がある」というものでした．

　ここで，この「電子」はどういうものか少し復習しておきましょう．

### 4.1.1　電子とは

　電子は負電荷 $-e$ $(= -1.60 \times 10^{-19}$ Coulomb$)$ をもつ素粒子です．素粒子物理学の進歩にともない，20 世紀初頭の「原子は陽子と中性子および電子からできている」という我々の知見は大きく修正され，さらにそれらを構成する多数の素粒子があることがわかってきました．しかし電子は 1897 年に Thomson が発見して以来，不可分の存在として 100 年以上にわたり素粒子の位置を保っています．また家庭の照明や工場や電車などの動力源，そして現代のエレクトロニクスや情報科学の担い手として 21 世紀の現在も，ますますその重要性が増している素粒子なのです．この電子が一方向に運動すると電流として検出されることはよく知られています．

　電子は並進運動量や円軌道を周回する軌道角運動量の他に，駒の自転にたとえられるアップスピン，ダウンスピンというスピン角運動量の量子状態をもっています．このスピン量子状態の変化はこれまで透過電子顕微鏡には使われていませんでしたが，名古屋大学ではスピンを弁別した入射電子線で試料を照射

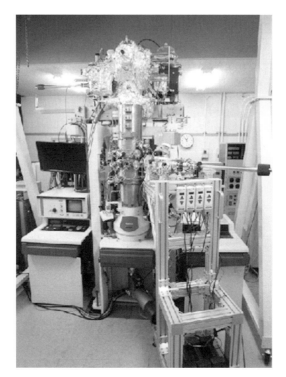

図 4.1　名古屋大学で開発されたスピン偏極電子を使った TEM ($E = 30\sim40\,\mathrm{kV}$) (Kuwahara et al., 2012).

し,透過像を記録する世界で唯一の TEM (Kuwahara, 2012) が開発され稼働しています(図 4.1)[1].

### 4.1.2　電子の発生法

電子は 19 世紀末から 20 世紀の初頭にかけては,Thomson が発見したようにガイスラー放電管の中から引き出していました.ガラス管の中に 10 mm Torr(= 水銀柱)程度の圧力のアルゴンやネオンのガスを入れ,両端の電極に 10 kV くらいの直流電圧をかけると,ガス分子がイオン化して放電が起こります.このとき電子も発生しているのです.

---

[1] 磁性体から放出されたスピンが偏極した 2 次電子を用いた SEM は日立製作所の Koike(小池)らによって 1984 年に開発され,磁性体表面の観察に使われています.

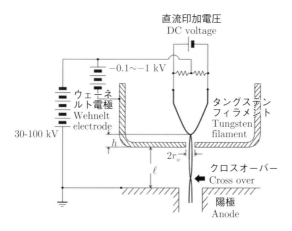

図 **4.2** 電子顕微鏡用の熱電子銃の模式図. $h, l, r_w$ は電極パラメーター.

放電中にもう少し真空度を良くすると負極の周辺のガラス管が黄緑色に光ってきます.このとき負極から正極に向かって目には見えない電子が飛んでいるのです.正極の円板の真ん中に孔をあければ電子が取り出せます.

しかし,この方法では電子の発生源が局在化できない(点光源にならない)という問題点がありました.すなわち電子源の輝度や空間干渉性が上がらないことになります.

現在は折り曲げたタングステン線の先端や,そこに溶接した尖らせた針先から電子を真空中に引き出しています.普通はタングステン線に直流電流を流して加熱して出します.これを熱電子銃 (thermionic gun) といいます (図 4.2).より強い電子線を得るためには,タングステン線に代わってホウ化ランタン ($LaB_6$) の尖った単結晶をタングステンヘヤピン線上に付けて加熱したり,タングステンの針を加熱することなく,強い電場で金属中の電子を強引に引き出す冷陰極電界放射電子銃 (cold field emission gun; c-FEG) も使います.

タングステン線の外に出てきた熱電子を,少し離れたところに丸孔のあいた陽極円板を置き,それに正の電圧 ($E$) をかけて引きつけ加速します.エネルギー保存則によって電子がもつ位置エネルギー ($eE$) が電子の運動エネルギーに変換されます.

その関係を式に書くと,加速電圧が数 kV 以下の場合は,よく知られているように,

## 66　第 4 章　粒子としての電子と波動としての電子

$$\frac{1}{2}mv^2 = eE \tag{4.1}$$

です．ここで $m, v$ は電子の質量と速度です．次にこの電子のもつ波長（ドブロイ波長）を求めましょう．

電子が波動性をもつことを最初に実験的に示した 1927 年の Davisson & Germer の実験のように 100 V 以下で加速する場合なら式 (4.1) でよいのですが，通常の電子顕微鏡装置のように 50 kV 以上の電圧で加速すると，電子は光の速度に近づいて走りますので，アインシュタインの特殊相対性理論を適用して，式 (4.1) の代わりに次の式を使います．

$$mc^2 - m_0 c^2 = eE \tag{4.2}$$

ここで $m_0$ は電子の静止質量です．この式は電子の速度が小さい場合は式 (4.1) になります．

一方，フランスの de Broglie の理論的研究 (1923) により，物質波としての電子の波長は電子の運動量 $p$ の逆数にプランク定数をかけた $\lambda = h/mv$ で表されます．この式と式 (4.2) を一緒にすると，走っている電子の波長を与える次の公式が導けます．丸括弧の中の $m_0 c^2$ などの項は相対論補正項といいます．$m_0 c^2$ はエネルギーとしては 511 keV [2]) に相当しますから，$E = 1000$ kV の加速電圧のとき，この補正項が 1 に近くなります．

$$\lambda = \frac{h}{\sqrt{2 m_0 e E \left(1 + \frac{eE}{2 m_0 c^2}\right)}} \tag{4.3}$$

この式を使うと 100 kV と 200 kV の電圧で加速された電子の波長はそれぞれ 0.00370 nm と 0.00251 nm となります．加速電圧を上げていくと波長は短くなります．

周りに回っている電子も含めて単原子の大きさは 0.1〜0.2 nm 程度ですから，この中に 50 個程度の電子波の山と谷が入ることになります．式 (3.5) のアッベの式により顕微鏡の分解能は波長程度までは可能ですから，1 個の原子の電子顕微鏡観察が原理的に十分可能ということになります．しかし 1990 年中頃までは対物レンズの球面収差が原子観察の大きな障害なっていました（8.2, 8.7 節

---
[2]) 第 2 章脚注 4) 参照．

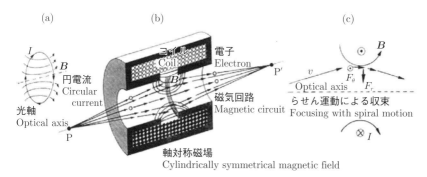

**図 4.3** (a) 光軸対称の静磁場を使った電子レンズの原理図,(b) レンズの模式図,(c) 電子が収束する理由の説明図.

参照).

　電子銃から引き出され,数 10 kV で加速された電子は,円電流が作る「中心への吸い込み型の軸対称磁場」(図 4.3(a)) によって収束させることができます.さらに鉄製の磁路で増強されたこの磁場が電子回折装置や電子顕微鏡で凸レンズの役割を果たします (図 4.3(b) の黒色部).

　図 4.3(c) は,なぜ光軸方向に電子が屈曲するかを説明しています.円電流が作る磁場によって,最初電子が光軸周りに周回するようにローレンツ力が働き,次いでこの周回速度ベクトルの直角内側方向に再び屈曲する力が働くのです.この Larmor 回転運動は置いておいて,動径 $r$ の変化のみを書いたものが 3.4 節の数式です.

　ここで,一見不思議なことですが,レンズや偏向コイルの設計をしたりするときは,電子は粒子の概念で扱ってよいのです.これは光学顕微鏡の結像を光線で記述することと同じことです.すなわち電子についてもある条件の下では幾何光学が成り立つということです.

## 4.2　粒子としての電子,電流および電磁場中の電子の運動

　19 世紀末に粒子として発見された電子は,その後 Thomson による比電荷の決定,Millikan による素電荷の決定と質量の決定がなされました.そしてこの電荷量の時間微分により電流が定義され,摩擦電気などで代表される静電気学

68 第4章 粒子としての電子と波動としての電子

から，電流が中心の電磁気学が確立されました．

一方，アンペールなどの研究で直線電流が作る静磁場，さらに一般的な電流分布が作る磁場も研究されました（ビオサバールの法則）．そして円電流が作る磁場を使って，電子を進行方向の光軸に沿って収束させることができるということを人類は見つけたのです (Busch, 1927)．この電子にとっての凸レンズの発明が透過電子顕微鏡 (TEM) の開発につながり，さらに「電子の筆で原子の頭をなぜる」走査透過電子顕微鏡法 (STEM) の最近の発展へとつながっていきます（3.6 節参照）．

## 4.3 波動としての電子，およびバイプリズムによる干渉縞

一方，原子内で周回している電子の安定性とそこからの光放射スペクトルの関係の研究から，すでに述べた Bohr による原子モデル（図 1.2 参照），Sommerfeld による周回軌道電子波の安定性の条件の提案，そして de Broglie による真空中を進行する波動としての電子の定式化がなされました．式 (4.4) は電子の運動量 $p\,(=mv)$ から波長を求める有名な式です．ここで $h$ は 1900 年に Planck が発見したエネルギー (J) と時間 (s) の積を単位にもつ基本定数です ($h = 6.62 \times 10^{-34}$ Js).

$$\lambda = h/p \tag{4.4}$$

電子が波の性質をもつなら，波の基本的現象である「回折」と「干渉」が電子でも起こるはずです．ただし 150 V 以上で加速された電子のドブロイ波長は 0.1 nm 以下なので，それを起こさせる回折格子も十分小さなものを用意しなければなりません．結晶の原子面配列は電子波にとってちょうど良い回折格子の役割を果たしたのです．

すでに Laue により電磁波である X 線の回折実験が硫化物の単結晶を使って行われていたので，電子線を結晶に当てて同様な回折現象が起こるかどうか確かめる実験が 1920 年代中ごろから行われました．ニッケルの単結晶を使って，表面すれすれに電子線を入射しブラッグ反射モードでそれをなしとげたのが Davisson & Germer (1927) です．図 4.4 は彼らが使ったガラス管中に封じられた低速反射電子回折装置です．内部を超高真空に保つ必要があったので，ペットボトル型のガラス管全体を傾斜させ，おもりでガラス管の中の試料を傾

図 4.4 Davisson & Germer の低速反射電子回折装置のレプリカ（米国ベル研究所で撮影）．

斜させました．

　次いで金属や雲母の薄膜を使って透過モードで高速電子線の結晶回折の実験を行ったのは Thomson の息子の G. P. Thomson (1928) と日本の Kikuchi（菊池）(1928) です．

　他方，電子波の干渉性を如実に示すのには，光の干渉性を示すヤングの2波干渉実験を電子線でも行い，縞状の干渉模様を観察できればよいわけです．このためには電子波を横方向に波面分割するか，マイケルソン干渉計[3],[4] の中央にある半透明鏡のように振幅分割をする必要があります．

　1950 年初頭より Marton (1953) が結晶を使って電子波の振幅分割の実験をしています．

　一方 Möllenstedt (1956) らは電子線バイプリズム（図 4.5 下部）を使って波面分割した電子波を再び合わせて干渉縞を得ることに成功しました．

　この実験方法は，後年 Tonomura（外村）によって単電子検出器を用いて再演され，1個1個の電子の検出から次第に干渉縞が発生していく様子が動画でみられる量子力学のすばらしい教育実験が実現しました（図 4.6）．この波面分割型バイプリズムの開発によって電子線ホログラフィーがナノ構造体の周りの電場や磁場観察用に実用化しました．

　現在では透過電子顕微鏡で用いる真空中を進行する電子は粒子でもありかつ

---

[3] 第1章脚注 6) 参照．
[4] 第3章脚注 2) 参照．

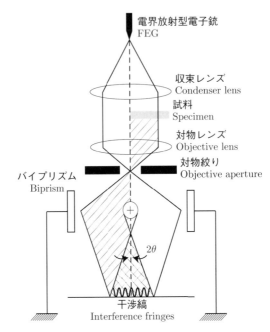

図 4.5　電子線ホログラフィーの原理図とバイプリズム．

波であることは量子力学が教える「二重性」(duality) によって理論づけられており，粒子描像での電子の孤立性は，波の描像では波束 (wave packet) の進行として説明されています．

波束というのは，波長がわずかに異なる進行平面波を重ね合わせ，ある特定の位置のみ振幅を大きくした波のことです．この波束運動の詳細については上級の量子力学の教科書を見てください．

電子が粒子としての性質を強く表すか，波として振る舞うかは，相互作用する対象の大きさとエネルギーの大きさで決まり，電子ビームの発生とか，電子レンズや電子の偏向現象は「粒子的描像」で考えてよく，一方，単原子による電子の散乱とか結晶格子による回折現象の説明には「波の描像」を用いて計算します．

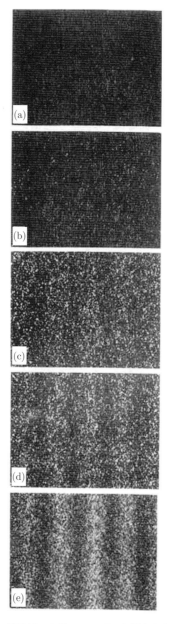

図 4.6 電子線版ヤングの干渉縞の実験．ランダムな輝点から 2 波による干渉縞が徐々に生成される (Tonomura et al., 1989).

# 第5章 STEMの結像原理

ここから単結晶内の原子コラム配列を直接観察する走査透過電子顕微鏡 (STEM) の具体的な説明に入っていきます.

## 5.1 電子と試料との相互作用の基本的事項 —細い電子線が結晶に入ると—

まず大切なことは,電子が結晶に入るときは1個1個入る,すなわち次に来る電子との相互作用はないと考えることができます.このことは,透過電子顕微鏡で使う入射電子線の強度と電子の速度から,1秒間に何個の電子が結晶に衝突するかを計算すれば結論付けられます.そして電子は結晶を作る原子の周りの静電ポテンシャルによって散乱され,再び1個ずつ外に出てくると考えることができます.すなわち「一電子の散乱問題」なのです.

固体中の伝導電子などが他の電子と弱く関係しながら,多体問題として原子核を中心とした正電荷イオンと相互作用するのと異なり,TEM内で起こる電子線の散乱の場合は入射電子同士の相関は無視できるのです.これは,電子相関が無視できるときに結晶中に存在できる電子波を計算するときに,ブロッホ定理[1]と1電子のシュレディンガー方程式を使うことと同じことなのです.

さらに,3.1節でも述べたように,1秒程度の像の記録時間を考えると,一種の定常状態がこの散乱現象にも生じていると考えることができ,式 (3.1) の動的過程のシュレディンガー方程式を解かなくても,定常状態の式 (3.3) を解けばよいことがわかっています.

試料が単原子の場合は式 (2.6) や付録 A.2 にあるように,原子核の周りにある

---

[1] 例えば,Kittel「固体物理学入門」(和訳:丸善 2005) を見てください.

74 第5章 STEMの結像原理

電子による遮蔽効果を入れた Wentzel ポテンシャルを使い，それをフーリエ変換したものが，標的原子から出る2次波の振幅である原子散乱因子になります.

この1個の電子が結晶に入り回折を起こす場合については，結晶中で1回だけ回折が起こり外に出てくると仮定する理論と，上から下へ電子波が進むにつれ何回も回折が起こるとする理論があります. 前者は運動学的 (kinematical) 回折理論といい付録 A.3 で詳しく説明します. 後者は動力学的 (dynamical) 回折理論とよばれ，その計算方法で代表的なものは，Cowley-Moodie (1957) のマルチスライス法と Bethe (1928) が創始した固有値法があります. マルチスライス法による STEM 像強度の計算法は 5.3.5 項で説明します.

また TEM の場合は外から入射する1個の電子は平面波が入射すると考えてもよく，結晶中に存在できる電子波のうちからこれとうまくつながるものだけ選び出します. これを結晶の外と中の電子波の境界条件を合わせるといいます. この際，波数ベクトルの界面平行成分が同じであるという境界条件を使います. STEM の入射プローブについては，次の 5.2 節で説明します.

### 5.2 細く絞った電子線の数学的表現

次に STEM で使う収束電子線が結晶に入射する場合を考えましょう. 収束電子線は良い近似で式 (5.1) のように，波数ベクトル $\boldsymbol{q}$ を含むいろいろな方向の平面波の表現である指数関数 $\exp(2\pi i \boldsymbol{q} \cdot \boldsymbol{r})$ の重ね合わせ（積分）で記述できます.

$$\psi_p(\boldsymbol{r}) \propto \int A(\boldsymbol{q}) \exp(2\pi i \boldsymbol{q} \cdot \boldsymbol{r}) \, d\boldsymbol{q} \tag{5.1}$$

物理学では「重ね合わせの原理」が成り立つので，1個の電子についての 5.1 節の平面波の問題が解ければ，そのやり方を種々の角度で入射した場合に適用して，結果として得られた試料下の波動関数を最後に，強度ではなく，振幅で足し合わせればよいのです. 式 (5.1) を対物レンズの瞳関数を使って入射プローブの波動関数として記述したのが式 (3.19)，(3.20) です.

## 5.3 試料の直下には投影図，そして遠方は回折図形

### 5.3.1 平面波を入れたときの電子回折図形

電子線（電子波）を単結晶に入射したとき結晶中で何が起きるかをさらに進んで説明しましょう．

入射電子波は X 線回折と同様にブラッグ回折を起こし，ある特定の方向だけ（回折角 ($\alpha$) はブラッグ角 ($\theta$) の 2 倍）に回折波が出ます．これを離れた場所で観察すると（遠方場），「特定の角度に波が出た」という情報を表す鋭い斑点が記録できます．これを回折図形 (diffraction pattern) といいます．この回折斑点は像 (image) ではないので，多くの教科書でこの斑点模様を「回折像」と書いているのは正しくありません．

ここで回折した角度は電子回折図形の中心点と外側に出る斑点の距離 ($r$) を試料とフィルムの距離 ($L$) で割って算出できます．回折角は小さいので $tan\alpha = r/L \Rightarrow \alpha \sim r/L$，そして $2\theta \sim r/L$ となります．ブラッグの公式 $2d\sin\theta = n\lambda$ を使えば $d \times r \sim \lambda L$ です．

$\lambda$ と $L$ は電子回折装置の固有定数ですから，回折図形中の $r$ を測定して試料の中にある原子面間隔 $d$ が測定できます（図 2.4(a)）．この $\lambda L$ をカメラ定数 (camera length) といいます．カメラ定数は金単結晶などの標準試料を使ってあらかじめ較正しておきます．これが TEM で使われている通常の電子回折の基礎です（田中，2009）．

### 5.3.2 収束電子回折図形

走査透過電子顕微鏡 (STEM) で使う細い電子ビームを得るには，電子レンズによって電子線を試料上に収束します（3.7 節の最後を参照）．試料を通った後の遠方場には 5.3.1 項で述べた回折斑点が種々の方向に横にずれて現れるのですから，円板が並んだ回折図形が得られます（図 5.1）．円板になるのは入射電子が円錐状だからです．これを収束電子回折 (convergent beam electron diffraction; CBED) 図形とよびます．

図 5.2 はシリコン単結晶の (111) 薄片から得た収束電子回折図形です．中央の 000 円板が透過波を表し，周辺の 6 つの円板はシリコンの 220 回折斑点に対応します．中心の円板内の模様は電子線の入射角度が試料垂直方向からわずか

76  第 5 章 STEM の結像原理

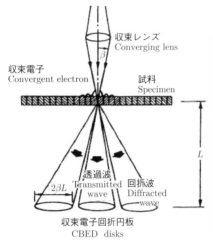

図 5.1 収束電子回折 (CBED) の原理図 (断面図)

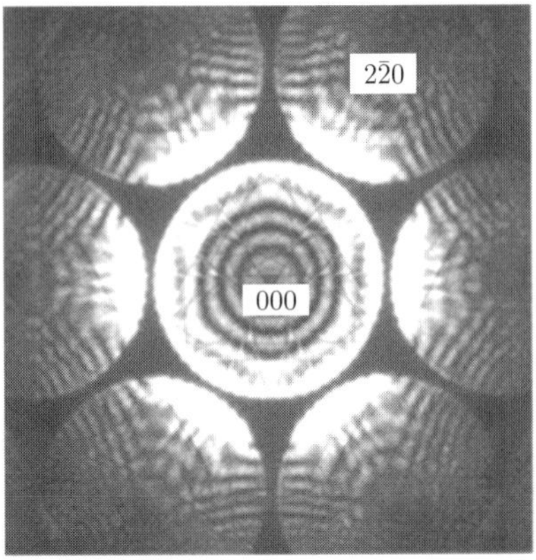

図 5.2 シリコン (111) 単結晶からの収束電子回折 (CBED) 図形．中央の 000 円板が透過波に対応する（齋藤晃教授のご厚意による）．

に異なった場合の透過波の強度変化を表しています．この強度変化を正確に計算するためには動力学的回折理論を使います．現在では計算ソフトが公開されており，そのうちマルチスライス法（5.3.5 節参照）のものは無料でダウンロードできます．

STEM 像とは，試料上の 1 点 1 点からのこの CBED 図形強度の一部分を検出器で切り取って，かつ電子プローブの動きに合わせて $x, y$ 方向に順に表示したものなのです．

### 5.3.3 重なった収束電子回折図形とその中に見られる干渉模様

もし絞った電子ビームが，観察したい原子面間隔より小さくなると，この回折円板は一部分重なります（図 5.3(a), (b)）．なぜなら，プローブの収束角の半分を $\beta$ とすると，プローブ径は $\delta \sim \lambda/\beta$ で決まります．格子面間隔はブラッグの式 $2d\sin\theta = \lambda$ の近似式を使って（散乱角 $\alpha = 2\theta$），$d \sim \lambda/\alpha$ ですから，$\delta < d$ で $\beta > \alpha$ となるためです．

収束電子ビームがちょうど試料上に正確にフォーカスされているときは，こ

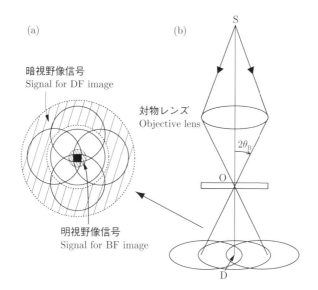

図 5.3　STEM の検出器面上での回折円板の重なり．D は光軸上に置かれた明視野像検出器の場所．

図 5.4　PbTe/MgO 積層膜からの CBED 図形で回折円板が重なった領域 (矢印) (Tanaka et al., 1998).

の円板の重なった部分は 2 つの回折円板を構成する電子波の位相差に応じて干渉作用によって強度がほぼ一様に変わります．図 5.4 の矢印は PbTe/MgO 薄膜を使い，回折円板が重なったところを示しています (Tanaka et al. 1998)．こ

の場合は重なった波の位相がほぼ同じになっていて強め合い，白色になっています．

収束ビームが原子面にちょうど当たったときと原子面の真ん中にあるときではこの強度は最大から最小へ（またはその逆）と変化します．この干渉領域に小さな開き角をもった電子検出器を置くと原子面を通過するビームの走査に応じて（画素の横変化に応じて），検出強度が最大から最小へ変化することになります．これが STEM 像でも TEM 像と同様の格子像が観察できる理由です．

### 5.3.4 回折図形の任意の部分の強度を検出する ―ピクセル画像強度―

初期の STEM 装置では，試料下の光軸付近に小さい開き角をもった円板状検出器と，大角度に散乱・回折した電子を検出するためのドーナツ型検出器を置きました（図 3.16）．前者から TEM と同様の明視野像や格子像が得られ，後者からは STEM 独自の暗視野像が得られます．特に後者の環状検出暗視野 (ADF) STEM 法によって世界で初めて孤立単原子の像が Crewe によって観察されました（図 2.8）．

このようなドーナツ型検出器は TEM 内でも原理的には可能ですが，TEM の回折図形は電子レンズのポールピースの中にでき，その大きさは 0.1 mm 以下です．そこにドーナツ型検出器を置くことは技術上不可能に近いことでした．

STEM では試料の下にはレンズは存在しませんので，フリースペースです．

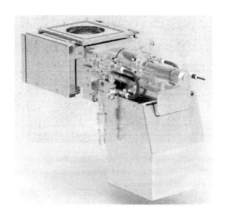

図 5.5　最近開発された STEM 用ピクセル半導体検出器（日本電子(株)佐川氏のご厚意による）．

5.3 試料の直下には投影図，そして遠方は回折図形　　79

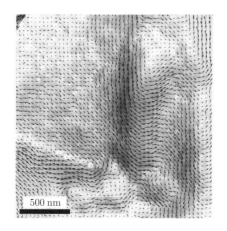

図 **5.6**　ピクセル検出器と DPC-STEM 法を使って得たニッケル薄膜中の磁場分布のベクトル図 (Ryll et al.; 2016).

検出器を置く平面を試料から遠く離せば遠近法の原理で収束回折図形は大きくなり，回折図形の種々の位置に小さな検出器を置くことが可能になります．この点が STEM 法が今後も発展する可能性をもっている大きな理由の 1 つです．

近年，この検出器を細かく分割してそれぞれの分割領域で電子線強度を独立に測定できるようになりました．これを分割型（ピクセル）検出器といいます（図 5.5）．この検出器は STEM 法のさらなる発展のための重要な装置です．図 5.6 は分割型検出器がついた STEM 装置で得たニッケル薄膜内の磁化ベクトル図です．小さな矢印は磁力線の方向を示しています（図 2.18, 2.19 も参照）．

### 5.3.5　STEM の結像理論

以上の基礎知識を使って単結晶の晶帯軸方向に電子線プローブを入射したときの STEM 像の計算理論を説明しましょう．

この計算過程は図 5.7 にあるように 3 つのステップで行われます．

段階 1：入射プローブの計算：プローブは単結晶の単位胞原点に向かった多数の平面波の合成で生成されます．これは数学的には収束レンズ（STEM の対物レンズ）の瞳関数のフーリエ変換で表されます．

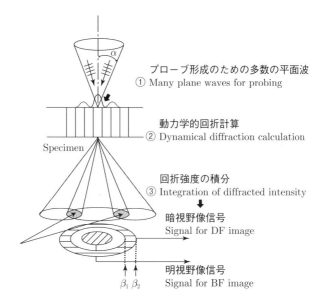

図 5.7 STEM 像の計算法の流れ図.

段階2：結晶中での入射プローブの動力学的回折効果の計算：ここでは結晶を薄い層に分割して計算を行うマルチスライス理論 (Cowley-Moodie; 1957) を使います．この計算は結晶の下のできる収束電子回折図形を計算することと同じことです．

段階3：収束電子回折図形中の特定の部分の強度の検出：明視野 STEM 像のためには光軸上に置かれた小さな開き角の検出器を使い，暗視野像用には50 mrad くらいの角度から始まるドーナツ型検出器を使います．

これで入射プローブが単位胞原点にあるときの STEM 像強度が計算できました．あとは，順にプローブを原点から $x, y$- 方向に移動させて計算を繰り返し 2 次元画像を作っていきます．

### 入射プローブの計算（段階 1）

凸レンズの後焦点面にできるプローブの強度分布は光学でよく知られたエアリー回折図形です．これは直径 $a$ の丸孔のフーリエ変換で，1 次元の表式で書けば以下のように 1 次のベッセル関数で表されます．

$$F(u) = \left(\frac{\pi a^2}{2}\right) \frac{J_1(\pi a u)}{\pi a u} \tag{5.2}$$

ここで $u$ はフーリエ空間での座標で空間周波数といいます．実空間の長さの逆数になっており，$u = 1/d = \beta/\lambda$ です．$\beta$ はエアリー回折図形の各点とレンズの原点を結んだ角度です（付録 (A6.27) 式も参照）．

もしレンズに球面収差 (Cs) などがあるときは，3.7.5 項 の式 (3.20), (3.21) ですでに説明したように，フラットな丸孔ではなく，位相変調関数 $\exp(-i\chi)$ をかけたもののフーリエ変換になります．ここで $\chi$ はレンズの波面収差関数といいます．

**マルチスライス計算（段階 2）**

**〈計算のためのスーパーセルの構築〉**

収束電子プローブの場合のマルチスライス計算をするためにはスーパーセルという，結晶単位胞を繰り返して作成した仮想の大きい単位胞を使います（図 5.8(a)）．すでに 5.2 節で説明したように収束プローブを生成するためには，傾斜した多数の波数ベクトルが必要です．TEM 像用のマルチスライス計算では，入射波は 1 つの平面波ですので波数ベクトルは 1 つで十分でした．収束プローブが結晶に入ったときの計算は少しずつ傾斜した平面波が結晶に入射したときのマルチスライス計算になります．

現代のフーリエ変換の計算プログラムは高速フーリエ変換 (FFT) アルゴリズムを使っているので，図 5.8(a) のように実空間で多数の単位胞を用意すると，フーリエ空間でも細かい格子点からなる波数空間が自動的に生成されます（図 5.8(b)）．この多数の波数格子点を使って実空間での収束プローブ，すなわち少しずつ傾斜した多数の入射平面波を表現します（図 5.7 の ① ）．

図 5.8 では，単純立方格子を考えており，フーリエ空間での格子点は普通の単位胞の計算では (1,0) になります．一方，多数の単位胞を含むスーパーセルの場合では，(0,0) と (1,0) の間にも多数の波数格子点が用意されます．これが準備されれば，通常のマルチスライス計算が多波になっただけの計算であり，計算時間がかかるだけです．

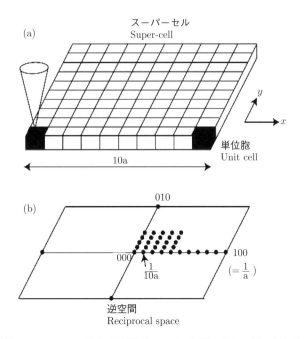

図 **5.8** 結晶のスーパーセルと収束入射プローブの関係. 小さい黒い直方体が通常の単位胞. (a) 実空間の描像, (b) 逆空間における対応するデータポイント.

⟨電子線プローブの走査⟩

次に, 収束電子プローブを単結晶試料上で $x, y$ 方向に走査するためには, 3.7.5 項ですでに説明したように, 以下のような指数関数をフーリエ空間中でかけることで実現します. ここで $x_0$ と $y_0$ はプローブの座標です.

結果として実空間での電子プローブの波動関数は以下のようになります.

$$\psi_p(x,y) = \hat{F}^{-1}[\Psi_p(u,v)]$$
$$= \hat{F}^{-1}\{\exp[-i\chi(u,v)] \times \exp[-2\pi i(ux_0+vy_0)] \times A(u,v)\} \quad (5.3)$$

ここで $\hat{F}^{-1}$ は2次元の逆フーリエ変換であり, $A(u,v)$ は収束(対物)レンズの絞り関数で, 金属製の丸孔絞りの場合は, 以下のように表現されます.

$$A(u,v) = 0 \quad \text{if} \quad \sqrt{u^2+v^2} > \frac{\alpha}{\lambda}$$
$$= 1 \quad \text{if} \quad \sqrt{u^2+v^2} < \frac{\alpha}{\lambda} \quad (5.4)$$

## 5.3 試料の直下には投影図、そして遠方は回折図形

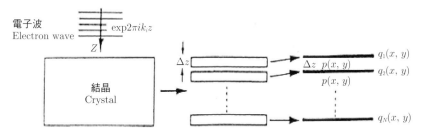

図 5.9 マルチスライス法による結晶下波動場の計算の原理図．結晶をまずスラブに分け，そのスラブ内の静電ポテンシャルを $z$-方向に投影して，電子に位相変調のみ起こす薄いスライスを作る ($q(x,y)$)．$p(x,y)$ はスライス間の電子波の伝播を決めるフレネル伝播関数．

〈マルチスライス計算〉

Cowley-Moodie が 1957 年に創始したマルチスライス動力学的回折理論は，厚い結晶を多数枚の薄い結晶に分割し，薄い結晶を電子線が通過する現象は，薄さのため電子波は直進し，位相のみが変化すると考えます（図 5.9）．またスライスと次のスライスの間は，光学で知られたフレネル回折が起こって波が横方向にも広がっていくと考えます．

まず薄い結晶中の静電ポテンシャルを電子線の方向に単純に投影して投影ポテンシャル $V_p(x,y)$ を作ります．この 2 次元のポテンシャルによって電子波の位相が変化します．式の上では次のような 2 次元関数を入射波にかければよいことになります．

$$q(x,y) = \exp[i\sigma V_p(x,y)] \tag{5.5}$$

ここで $\sigma$ は Cowley の相互作用定数といい，非相対性理論近似では $\pi/\lambda E$ です．

次にフレネル回折の部分は光学の知識を借りて，以下のようなフレネル伝播関数 $p(x,y)$ を作って上の位相格子の下の波動場に畳み込み演算 (convolution) をすればよいのです．

フーリエ変換の定理によって，実空間の畳み込み演算はフーリエ空間では掛け算になります．したがってこの伝播関数のフーリエ空間版 $P(u,v)$ も作っておきます．

$$p(x,y) = \{\exp[\pi i k(x^2+y^2)/\Delta z]\}/(\lambda i \Delta z)$$
$$\text{および}\quad P(u,v) = \exp[-\pi i \lambda \Delta z(u^2+v^2)] \tag{5.6}$$

ここで $\Delta z$ はスライスの間隔です．普通は電子線の方向と同じ単位胞の $z$-方向の長さをとります．

マルチスライスの計算過程は，掛け算と畳み込み演算を交互に繰り返します．

$$\psi_s(x,y) = \psi_p(x,y) \times q_1(x,y) \otimes p_1(x,y) \times q_2(x,y) \otimes \cdots \otimes p_N(x,y) \quad (5.7)$$

これをフーリエ空間で見ると，演算の関係が逆になります．

$$\Psi_s(u,v) = \Psi_p(u,v) \otimes \hat{F}[q_1(x,y)] \times \hat{F}[p_1(x,y)] \cdots \times \hat{F}[p_N(x,y)] \quad (5.8)$$

ここで，記号 $\otimes$ は 2 次元の畳み込み演算です．

この計算を試料の厚さ方向に分割したスライス数だけ繰り返すと結晶試料下の波動関数が求まります．

そしてその絶対値の 2 乗をとれば強度になります．

計算結果は，実空間 $(x,y)$ の表現である $|\psi_s(x,y)|^2$ はある点の STEM 像の強度を，逆空間と等価なフーリエ空間 $(u,v)$ の表現である $|\Psi_s(u,v)|^2$ はその点からの収束電子回折図形の強度を与えます．

**回折強度の STEM 検出器による収集（段階 3）**

上のマルチスライス計算によって，収束プローブを結晶に入射したときの結晶下の波動場および遠方の収束電子回折図形が求まりました．回折強度は $I(u,v) = \Psi_s(u,v)\Psi_s^*(u,v) = |\Psi_s(u,v)|^2$ です．この強度を，明視野 STEM 像形成用として，または ADF-STEM 像用として収集することが像計算の最終段階となります．例えば，ADF-STEM 像としては，以下の積分操作をすることになります（図 5.7 の ③）．

$$I(x_0, y_0) = \iint |\Psi_s(u,v)|^2 W(u,v)\, du dv \quad (5.9)$$

ただし，

$$\left[ \begin{array}{ll} W(u,v) = 1 & \dfrac{\beta_1}{\lambda} < \sqrt{u^2 + v^2} < \dfrac{\beta_2}{\lambda} \\ W(u,v) = 0 & \text{otherwise} \end{array} \right.$$

ここで $\beta_1$ と $\beta_2$ は，ドーナツ型検出器の内角と外角です．$W(u,v)$ は検出器の効率などを表す窓関数です．

5.3 試料の直下には投影図，そして遠方は回折図形　　**85**

　以上が弾性散乱波を使った STEM の結像理論の基本的内容です．ADF-STEM 像については熱散漫散乱 (themal diffuse scattering; TDS) の影響も強く受けるため，その効果を上記の弾性散乱強度に加えて取り入れなけばなりません．詳しくは専門書を参考にしてください（田中, 2008; Tanaka, 2015）．

　もし試料が極めて薄く，電子波に対して 1 回だけ位相変調のみを与える（= 位相物体）と考えられるときは，STEM の結像理論はフーリエ変換という言葉で簡潔に記述することができます．この理論については付録 A.5 を参照してください．

# 第6章 STEM の各種結像モード

次に STEM の各種の結像モードについて説明しましょう.

## 6.1 結晶の原子コラム像

Crewe の STEM 装置は初期には材料系の研究者の興味をあまり惹きませんでした. それは単原子の観察に限定されると思われていたからです. 唯一, 1980 年代にはアリゾナ州立大学の Cowley (1993) が微粒子の構造解析のために STEM による微小電子回折を使っていました. また同時期に元素分析への STEM の応用はケンブリッジ大学の Brown や Howie らのグループで行われており, Crewe の装置を商品化した VG 社の装置は企業などで材料の組成分析用に使われていました.

一方, Pennycook は 1990 年代の初めに, 単結晶に STEM を適用することを試み, それも対称性の良い結晶軸に沿って電子線を入射し, 高角度に散乱される電子線強度を円環状検出器で測定して形像することによって, 原子コラム像, それも組成に依存して明るさが変わる暗視野像を得ました (図 2.11). これを円環状検出暗視野 (annular dark field; ADF)-STEM といいます. この像強度は原子コラムを構成する原子の原子番号の 2 乗の $Z^2$ に概ね比例します. しかし電子の散乱は電子線が結晶中の原子コラムに沿って流れる間に起こるので, 1970 年代に Crewe が考えた単原子の散乱断面積の計算 (2.3 節参照) ではなく, 結晶性試料に適した「電子線チャネリング理論」(図 6.1) で像強度計算を行わなければなりません. その結果として少し修正された $Z^{2-x}$ のコントラストが得られます (Tanaka, 2015, 2017). ここで $Z$ は原子番号で, $0 < x < 1$ です.

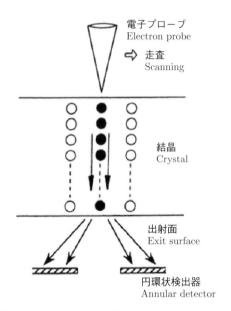

図 **6.1** 原子サイズの電子線プローブを結晶内原子列（コラム）に入射したとき起こるチャネリング現象と，出射する散乱波および円環状暗視野像検出器．

## 6.2 TEM 像と STEM 像の間の相反定理 ―BF-STEM 像理解の基礎―

これまで，STEM はテレビと同じ走査方式で形像する装置として説明してきました．一方 TEM は凸レンズによる 2 次元フーリエ変換作用で結像する装置でした (田中，2009)．この 2 つの装置は一見別の結像原理に基づくように見えていますが，実は両者の像強度は同等であるという相反性 (reciprocity) が存在するのです (Cowley, 1969)．

TEM では，図 6.2(a) に示すように，光源面に置かれた点とみなせる電子源 (A) から放出された電子が収束レンズや絞りで平行にされ，試料上に平面波として照射されます．次に試料上の 1 点から $10^{-2}$ rad 程度の角度に散乱または回折された電子が対物レンズの収束作用によって集められ，像面上の 1 点 (B) の強度を作ります．

一方 STEM では，細い電子プローブで試料上を走査して形像します．しかし

## 6.2 TEM像とSTEM像の間の相反定理 —BF-STEM像理解の基礎—

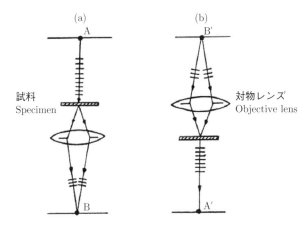

図 6.2 (a) TEM と (b) STEM の結像における相反定理の説明図.

ある1点の像強度を議論するときはプローブを止めて，図 6.2(a) の TEM の光線図を逆にして考えればよいでしょう．図 6.2(b) に示す TEM の像面上の1点 B' を STEM の電子源と考えると，そこから出た電子はレンズにより試料上に収束されます．次に，試料から出た電子のうち真下に行ったものだけが，図 3.16 で説明した明視野像用の検出器 (D)（図 6.2(b) では A'）で集められ，試料上の1点の像強度が得られます．

つまり，TEM と STEM の明視野像に関しては，光路を逆にとれば同じ結像現象が起こることがわかります．これを光学における相反定理といいます[1]．

ここで興味深いことは，3.5節で説明した TEM による単原子の位相コントラスト像や格子像の位相コントラストも，図 6.2(b) の STEM の結像条件で出るということです (Zeitler & Thomson, 1970; Tanaka, 2015, 2017).

すなわち，図 5.3 に戻って見れば，プローブが原子レベルに絞られているときは，光軸上に小さな開き角の検出器を置いても，この上には透過波と左右，上下の4つの回折波が重畳しており，縦横の5つの波の干渉の情報が得られることがわかります．この干渉情報は TEM の5波干渉の格子像のもつ情報と同じなのです．

一方，6.1節で説明した ADF-STEM 像と通常の明視野 TEM 像，および小さい絞りを使って結像する傾斜照明暗視野 TEM 像の間には像の相反性はありま

---

[1] 第1章脚注6) 参照.

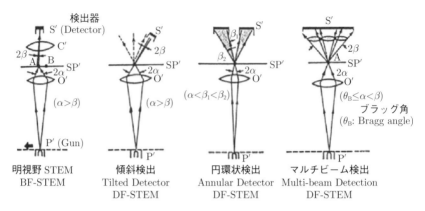

図 6.3 種々の STEM 結像モード．電子銃は下部 P′ に置かれ，電子は下から上へ流れる．

せん．

図 6.3 は STEM における種々の像モードを示しています．左から 3 番目の ADF-STEM 像との相反性を TEM 像で得るためには，電子線の方向を逆にして，試料に上から空洞円錐状の電子線を照射し，光軸上の小さい対物絞りにより散乱電子を集め結像する方法を用います．これを空洞円錐照明暗視野 TEM 像（hollow-cone illumination dark field TEM images）といいます．

## 6.3 結晶中での電子線チャネリング現象 ―ADF-STEM 像理解の基礎―

試料が単結晶の場合の STEM 像のコントラストはすでに述べたように，原子コラムに沿って流れる電子線の強度を計算しなければなりません．この現象は動力学的回折効果ともチャネリング効果ともよばれます．

チャネリング現象とは，元来，加速された軽元素のイオンが単結晶に入射するときに，特定の原子面や原子コラムにイオンが集中する現象につけられた名称です．ある原子コラムに入射イオン粒子が集中するため，原子コラム内の原子核が運動量移送によりはじき出される現象も起こります．イオンの場合は電子とくらべ質量がはるかに大きいので，イオン粒子が結晶のポテンシャルとクーロン相互作用するという古典力学的描像で説明できます．すなわちラザーフォードが $\alpha$ 粒子の解析に適用した散乱理論です．結晶内のチャネリングの基礎理論

は Bethe (1930) に始まり，イオンの入射については Lindhard ら (1954) により
さらに発展されました．

電子線チャネリング理論の方は，電子と結晶の間の相互作用や電子の質量の
観点から考えると，粒子的描像ではなく量子力学による波動的描像が必要にな
ります．この理論は Bethe により 1928 年に考案された動力学的電子回折理論
そのもので，固体中の電子の理論と同様に逆空間の変数 $(u, v)$ で記述されてい
ます．1960 年代までは，電子線の主要な実験が回折図形の幾何学の解析とその
強度測定であったので，原子コラムに沿って電子が流れるというような，実空
間での電子の振る舞いについては興味が示されなかったのです．

1960 年代初頭から転位などの格子欠陥の電子顕微鏡像の解析が必要になり，
それに合わせてコラム近似法など，逆空間表示で議論されていた従来の電子回
折理論の実空間版を作る研究が英国を中心としてなされました (Hirsch et al.,
1977)．その過程で結晶中を流れる電子線の挙動の図視化が試みられ，対称入射
条件で，原子面に電子波の最大振幅がくる「面チャネリング」の現象がケンブ
リッジ大学の研究者によって定式化されました．これは一方向のブラッグ条件
のみを満足した場合（$h00$ などの系統的反射も弱く励起）でした．2 方向の回折
条件を最適化すれば，ある原子コラムに電子波が集中することになります．こ
れはイオン散乱の場合にならって「軸チャネリング」とよばれました．

原子コラムを流れる電子線チャネリングの精密理論は，1971 年 Berry よって
定式化されました．その後，Kambe（神戸，1982）は Bethe (1928) の電子回折
理論を使って結晶中の軸チャネリング現象を解釈しました．1990 年代にはオー
ストラリアの Rossouw ら (1996) が軸対称入射条件での波動場の局在性の研究
をしています．

また Van Dyck (1980) は晶帯軸入射条件での電子線の結晶中での振る舞いを
記述するために，実空間の動力学的回折理論を発展させました．この理論は現
在では後述の ABF-STEM 像の解釈や TEM の位相格子近似の理論的基礎を与
えている "s-wave theory" になっています (Tanaka, 2015).

## 6.4 円環状検出明視野 (ABF)-STEM

Crewe は 1960 年代末に ADF-STEM 法を用いて単原子の観察に成功し，Pen-

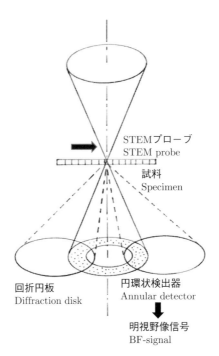

図 6.4 環状検出明視野 (ABF) STEM 法の原理図．点々で示したリングが ABF 用検出器．

nycook は 1990 年に結晶の単位胞構造の観察のためにも暗視野 STEM 法が有用であることを示しました．ただし，像コントラストが概ね $Z$ や $Z^2$ に依存するため軽元素の観察には向きませんでした．検出角を小さくした low-angle ADF (LAADF) STEM 法も提案されましたが (Watanabe et al., 2004)，その有効性は顕著ではなかったのです．

日本電子の Okunishi（奥西，2009）らは透過波円板の周辺部強度のみを検出することによって明視野 STEM 法の結像条件敏感性を押さえ，かつ軽元素を可視化できる円環状検出明視野 (annular bright field ; ABF)-STEM 法を考案しました（図 6.4）．この像は明視野像ですので原子コラムが黒色で現れます．

この方法を実現するためには，装置のカメラ定数（5.3.1 項参照）を長くして，暗視野用の円環状検出器をちょうど透過波円板の周辺に置くようにして，干渉効果が強く働く円板の中心部の強度は捨てて明視野像の信号を収集したことです．その結果，試料の厚さ変化による像コントラストの変化が小さく押さえら

れ，明視野像でも直截的 (intuitive) な像解釈が可能になりました．

ただし ABF-STEM 像は高分解能 TEM 像と同じ位相コントラスト像であり，その像強度は対物（収束）レンズの焦点はずれ量にも大きく依存するので (Ishikawa & Abe, 2011)，あらかじめ最適デフォーカス値をシミュレーションを使って選んでおかなくてはならなりません．この ABF-STEM 法による結晶中のリチウムおよび水素原子コラムの観察についてはすでに 2.3 節で紹介しました．

## 6.5　STEM-EELS による電子状態解析

STEM はサブナノメータ以下の大きさの電子プローブを走査して顕微鏡像を作ります．このプローブを所定の位置で止め，試料の上下に EDX または EELS 用検出器を置けば局所領域の元素分析ができます．両方法とも，横軸がエネルギーで縦軸が放出 X 線のカウント数やエネルギーを損失した電子数が表示されます．この横軸に狭いウィンドウを設定して特定の元素特有のエネルギー値の X 線または電子線強度を 2 次元像としてマッピングすれば元素分布 STEM 像が得られます．さらにエネルギー分解能を上げれば元素情報のみでなく，試料のエネルギーバンド間の始状態 (EDX) や終状態 (EELS) のマップも得られます．

EELS は EDX より感度が良いので，通常の STEM 観察においても，ADF-STEM 像と合わせ円環状検出器の中心孔を通過してくる電子のエネルギーを分析して，STEM-EELS マップを出力して元素分布の情報を同時に得ることができます．この方法は 1970 年初頭の Crewe の研究以来の標準的な STEM 観察方法となっています．

Suenaga（末永）らはガドリニウム原子の N-エッジのエネルギー損失ピークを用いて結像して，炭素ナノチューブに入れられたフラーレン中に内包されたガドリニウム単原子を世界で初めて観察しました（図 2.16）．Crewe の単原子観察では主に弾性散乱電子が像を作るための信号でしたが，この研究は非弾性散乱電子を使っても単原子の結像が可能であることを示しました．

最近の EELS 測定技術の進展はめざましく，検出器の安定度の向上や偏向プリズムの収差補正の他に，入射電子線を単色化することによって 10 meV 以下のエネルギー分解能をもつスペクトルも得られています．図 6.5 は有機物結晶

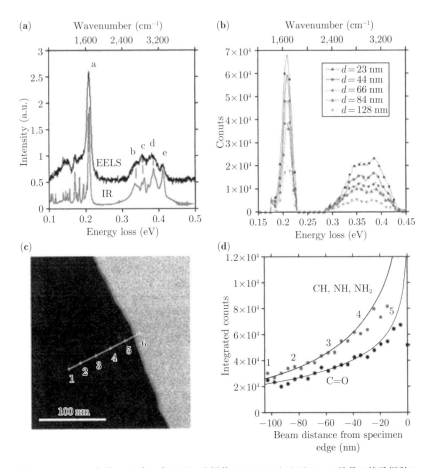

図 6.5 STEM を使った 高エネルギー分解能 EELS によるグアニン結晶の格子振動の測定. 分子の結合振動モードがピークとして検出されている (Rez et al., 2016).

の数 10 nm の領域からの高エネルギー分解能 EELS で，結晶内分子の伸縮モードなどが弁別されています (Rez et al., 2016).

近い将来に STEM-EELS によって粒界や表面などにある原子の局所フォノン（格子振動スペクトル）も捉えられる可能性が出てきました.

## 6.6 STEM-EDX による元素分析

STEM-EDX の主なる目的は元素分析です．その理由は現在 X 線半導体検出器のエネルギー分解能が 100 eV 以上であり，前記の試料のバンド構造の詳細まで解明できないためです．ただし，EDX では，EELS では得られないエネルギー遷移の始状態の情報が得られるのが特徴です．X 線のエネルギー分解能を上げるには，回折格子を使った波長分散型検出器 (wave dispersive spectrometer; WDS) を用いればよいことはわかっており，この分解能は 10–20 eV です．最近超伝導素子を使って 10 eV 以下のエネルギー分解能を得る試みもされています．

商用 STEM 装置における EDX の最近の進展は，検出器にシリコンドリフト型が普及したことと，2 個以上の検出器を試料の斜め上方に取り付けて，検出感度を増大させる試みがなされているところです．

図 2.17 はチタン酸ストロンチウム (SrTiO$_3$) の [001] 晶帯軸入射における各元素の STEM-EDX マッピングです．原子コラムレベルで元素マッピングが可能になってきたことを示しています．

また Terauchi（寺内，2012）らは，回折格子を用いた新しい分光器を開発し TEM と SEM 用の高エネルギー分解能 EDX 装置を実用化しています．

## 6.7 2 次電子による単原子像と原子コラム像

これまで STEM 像は試料を透過した電子で結像すると説明してきました．細い電子線を試料に入射すると，電子の入射側へも種々の 2 次散乱線が放出されます．励起 X 線や 1〜10 eV のエネルギーをもつ 2 次電子が代表的なものです．これを形像に使った装置は X 線マイクロアナライザーや SEM として 1960 年代から商用化されていますが，原子分解能にはいたりませんでした．

2009 年に Zhu らは，原子レベルの極細プローブをもつ収差補正 STEM 使って，試料から放出される 2 次電子線を使って炭素膜上のウラニウム原子像や酸化物超伝導体の原子コラム像を得ることに成功しました．それまで 1 nm が SEM 像の分解能限界だといわれてきましたが，この実験はその通説を覆しました．図 6.6 はカーボン薄膜にウラニルイオンを載せ，その中のウラニウム原子を 2

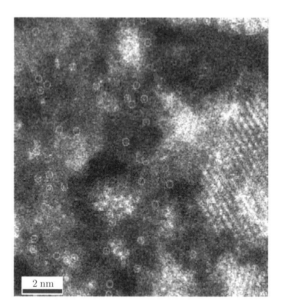

図 **6.6** 炭素薄膜上のウラニル分子の STEM-2 次電子像. 小さい白丸の中の点がウラニウム単原子に対応する (Zhu et al. 2009).

次電子で観察したものです.

## 6.8 微分位相コントラスト像とタイコグラフィー (ptychography)

STEM 像は 5.3.2, 5.3.3 項で説明したように,試料下にできる収束電子回折図形の特定部分の強度を使って形像します. 2 つの回折円板の重なった部分の強度を微小プローブの走査と同期させて形像することによって TEM の格子像と同じものも得られることも説明しました.

この回折円板の重なった部分は,回折波同士の位相差が強度を決めるので,この情報を収束電子回折図形のいろいろな場所で収集し整理すれば,「X 線回折の直接法」[2] と同じような考えで回折波の位相を決定して,投影構造の解析をよ

---

[2] 結晶 X 線回折の位相問題を解決する方法の 1 つ. 結晶の構造因子 $F(h,k,l)$ の間にいくつかの関係式が存在し,その式を使って測定できない高次の構造因子の位相を逐次法で決めて行く方法. Karle & Hauptman (1950) らによって創始され,現在ではこ

り精密に進めることができます．この方法はタイコグラフィー (ptychography) とよばれ，1980 年代中頃から理論的には研究されていました (Konnert et al., 1986; Rodenburg et al., 1992)．近年回折強度測定用のピクセル電子検出器（図 5.5）が実用化し，多くの研究者の興味を引いています．

この検出器を用いて各点ごとの全回折強度データをコンピューターにいったん記録しておけば，ADF-STEM, BF-STEM 像や格子像 など任意の STEM 像を撮影後自由に作り出すこともできます．

特に 1970 年代後半に磁性体の観察法として提案された微分位相コントラスト (differential phase contrast; DPC)-STEM 法 (Rose, 1974) が原子分解能をもつようになり，$BaTiO_3$ の強誘電相の局所電場観察や，FeGe 合金中のスキルミオンの磁場分布観察が可能になっていることはすでに紹介しました．

DPC の原理は単純で，図 6.7 に示すように，STEM の検出器を動径方向および方位角方向に分割し (A, B, C, D)，試料中でのクーロン力やローレンツ力により STEM プローブがわずかに曲げられて回折図形が左右にわずかにずれることを，複数の検出器の強度差（＝差分または微分）から検出して形像するものです．これは像を画素ごとに形像するという STEM によって初めて実現した新しい結像方法であるわけです．

TEM 法では横方向に数 $\mu$m の拡がりをもつ平面波で試料を照射し，対物レンズの収差を極小化することによって原子レベルの構造情報を得ていました．すなわち，試料の作り出す静電ポテンシャルを電子線進行方向への投影したものを $x, y$ 方向の 2 次元情報として観察していました．またローレンツ TEM および STEM では $(-e)\, v \times B$ のローレンツ力によって磁場ベクトル $B$ を観察していました．しかしその分解能は数 $\mu$m が限度でした．

ピクセル電子検出器を用いた STEM を使うことにより投影した静電ポテンシャル情報ばかりでなく，原子の周りの局所電場や磁場という新しい物理量も原子レベルで計測可能となってきました（図 2.18, 5.6）．STEM-DPC の結像理論，特に回折強度の重心移動を求める方法の詳細については関らの解説を参考にしてください（関ら，2017）．

---

の操作を自動で行う計算機プログラムも存在しています（MULTAN など）．一方蛋白質の構造解析に使われる「重原子置換法」は実験的に位相を決める方法です．

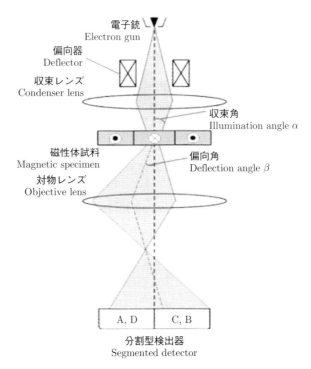

図 **6.7** STEM 用 4 分割型検出器による試料中の磁場の検出法(ローレンツ STEM 法).

## 6.9　STEM による 3 次元電子顕微鏡法

「3 次元」(three-dimensional : 3D) という言葉は映画やテレビなどの画像表示技術を含めて現代技術のキーワードの 1 つです.また 1980 代初期に日本人が創始した「3 次元造形法」[3]) も次世代産業技術として大きな話題になっています.

透過電子顕微鏡法も例外ではなく,これまでの投影情報のみでなく数 10 nm から 1 nm の分解能で,可能なら原子レベルの分解能で 3 次元構造情報が得られないか,という課題が提出されています.

走査電子顕微鏡 (SEM) や共焦点レーザー光学顕微鏡による 3 次元観察の話

---
[3]) 当時名古屋市工業技術研究所におられた小玉秀男氏

## 6.9 STEMによる3次元電子顕微鏡法

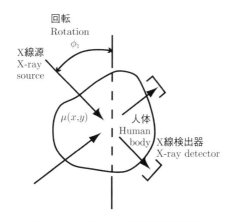

図 **6.8** X線CTの原理図（断面図）.

題も多いですが，本節では透過電子顕微鏡，特にSTEMに絞って現状を要約してみます．

暗視野STEMでは，薄い試料の場合は試料内の静電ポテンシャル分布の投影の2乗と像強度が比例するという理論構造になっているので（付録A.5参照），種々の方向から観察した多数枚の投影像から，3次元像を再構成することができます．3次元の再生像を得るには投影過程を逆に戻せばいいわけですから，この方法は「逆投影法」とよばれます．

この逆投影法は，数学的には一種のフーリエ変換である「ラドン変換」で以下のように数式化されます．

〈理論〉

多数の投影図を組み合わせて3次元像を再生する方法を病院などに設置されているX線CTのモデルを使って説明してみましょう．これは，金太郎飴を側面から見て，飴の断面に書かれた顔を再生することに相当します．

金太郎飴（人間の体）の側壁に向かって細いX線ビームを照射して，反対側でその強度（吸収）を測定します（図6.8）．これを360°の全方向から行います．多数の1次元の投影データから飴の断面に見えている2次元の絵を再構成することになります．飴の軸方向の情報は，この方向にスライスして情報を収集します．病院でのCTではベッドが縦方向に少しずつ動くことに対応します．

入射X線はヒト体内の水分などによって吸収されます．その吸収係数は人体

断面の 2 次元座標で $\mu(x,y)$ や $\mu(r,\phi)$ のように表されると仮定します. ここで $r, \phi$ は極座標です.

ある方向 $\phi_1$ から観察したときの全吸収係数は, 投影を意味する次の線積分で表されます.

$$\mu_{\phi_1} = \int \mu(x,y)\, d\ell_{\phi_1} \tag{6.1}$$

この全吸収係数が大きくないときは, 反対側の検出器で観測される X 線強度は, 指数関数を展開して第 2 項までとる線形近似式で次式のように表されます.

$$I_D = I_0 \exp(-\mu_{\phi_1}) \simeq I_0 - I_0 \mu_{\phi_1} \tag{6.2}$$

すなわち, X 線強度は線積分吸収係数に比例することになります.

次にフーリエ変換の投影定理を使います. 例えば実空間の $y$-軸に沿って投影した情報は, 対応するフーリエ空間のその方向の係数 $v$ をゼロにおいたものの逆フーリエ変換です.

$$\int \mu(x,y)\, dy = \hat{F}\{M(u, v=0)\} = \int M(u,0)\left[\exp 2\pi i\,(ux)\right] du \tag{6.3}$$

ここで $M(u,v)$ は $\mu(x,y)$ の 2 次元フーリエ変換です.

$$M(u,v) = \iint \mu(x,y) \exp\left[-2\pi i\,(ux+vy)\right] dx dy \tag{6.4}$$

式 (6.3) を逆に見ると, 実空間でのある方向, この場合は $y$-方向への投影像のフーリエ変換によって, それと直角な平面上のフーリエ係数が求まります. この操作を種々の方向で繰り返し, 3 次元フーリエ空間中のすべての係数を決めれば, その逆フーリエ変換で 3 次元像が再生できるわけです.

ここで X 線の入射方向に沿っての座標系を設定するために極座標 $(r, \phi)$ を使います. 3 次元の試料の場合は $z$-方向も必要ですので, 円筒座標 $(r, \phi, z)$ を使います. $(x, y)$-座標系と $(r, \phi)$-座標系の間には $r = x\cos\phi + y\sin\phi$ and $s = -x\sin\phi + y\cos\phi$ の関係式が成り立ちます. $(x\text{-}y)$-座標系から $\phi$ 傾いた $(r\text{-}s)$-座標系への変換は次のように与えられます.

$$\begin{aligned}
p(r,\phi) &= \int\limits_{-\infty}^{+\infty} \mu(r\cos\phi - s\sin\phi, r\sin\phi + s\cos\phi)ds \\
&= \int\limits_{-\infty}^{+\infty}\int\limits_{-\infty}^{+\infty} \mu(x,y)\,\delta\,(x\cos\phi + y\sin\phi - r)dx dy
\end{aligned} \tag{6.5}$$

この変換はラドン変換とよばれています.

一方,この $p(r,\phi)$ から $\mu(x,y)$ を求めるには,$\mu(x,y)$ のフーリエ係数である $M(u,v)$ を使います.極座標 $(\rho,\phi)$ を使って,さらに $u = \rho\cos\phi$, $v = \rho\sin\phi$, の関係式を使うと,次式が得られます.

$$M(\rho\cos\phi, \rho\sin\phi) = \int_{-\infty}^{+\infty}\int_{-\infty}^{+\infty} \mu(x,y)\exp\{-2\pi i\rho(x\cos\phi + y\sin\phi)\}\,dxdy$$

(6.6)

この式をさらに $(r-s)$-座標系に移しかえると

$$M = \int_{-\infty}^{+\infty}\left[\int_{-\infty}^{+\infty}\mu(r\cos\phi - s\sin\phi, r\sin\phi + s\cos\phi)\,ds\right]\exp(-2\pi i\rho r)\,dr$$

$$= \int_{-\infty}^{+\infty} p(r,\phi)\exp(-2\pi i\rho r)\,dr$$

(6.7)

の式が得られます.すなわち $p(r,\phi)$ を $r$ に関してフーリエ変換したもの–これは $\phi$-方向への投影像から得られるものですが–,は吸収係数 $\mu(x,y)$ のフーリエ係数になっているというわけです.これが極座標で考えたフーリエ変換の投影定理であり,計算機トモグラフィーの基礎式になります (Frank, 1992; Tanaka, 2015).

この理論を STEM に応用する場合は,X 線の場合の吸収係数 $\mu(x,y)$ に相当するものが電子線を使った STEM ではどのような物理量かということが問題になります.

### 〈ADF-STEM 像を使う場合〉

Crewe がおこなった単原子の ADF-STEM 像の場合,単原子の散乱断面積が輝点の強度に比例するとしました.炭素膜のような非晶質膜の中に,単原子または単原子レベルのクラスターが存在している場合はこの考え方を適用できます.式 (2.3) で説明したように,単原子またはクラスターの散乱因子 $f(\theta,\phi)$ または $F(h,k,l)$ の 2 乗が微分散乱断面積に対応しますので,この量を検出器の開き角で積分したものを上記の吸収係数の代わりに使うことができ,例えば有効体積中にある原子数などを求めることができます.

少し厚さのある単結晶に STEM の電子プローブを入射して,しかも試料をあ

る軸を回転軸として回転する場合は事情が複雑になります．運動学的または動力学的回折理論に従って試料下に放出される収束電子回折図形の強度を計算しなければならないからです．

電子回折でよく知られているように，ある特定の入射方向では強いブラッグ反射波が放出されますが，その条件が満たされないときは弱い回折波です．

式 (6.3) の投影定理が成り立つためには，吸収係数が電子線の入射方向に沿っての線積分になることが必要です．結晶の電子回折強度から，このような膜厚分だけ掛け算された投影情報が単純に得られることは少なく，結晶内での1回散乱を仮定した運動学的回折理論でも，付録の式 (A3.3) にあるように膜厚に相当する $N_3$ を変数としたラウエ回折関数で記述されます．したがって単純な投影値を与えず，強度は厚さによって変動します．

また電子プローブが晶帯軸方向に入射したときは，すでに説明したように，チャネリング現象からの散乱（回折）強度が STEM 像強度になるので，像強度は動力学的回折理論に従うものになり，これまた単純には投影情報は得られません．

これが結晶試料に通常の電子線トモグラフィーの解析手法を単純に適用することができない主要な理由です．近似的な実験方法として強いブラッグ反射が起きた投影像は除いて，3次元再構成の再構成プログラムにかけるという方法があります．

いずれにしても，数 nm 以上の大きさの単結晶粒子の3次元トモグラフィー像は，上記の投影定理に基礎をおく数式をそのまま使うことはできず，3次元構造モデルの計算像と実験像の try and error の照合操作が必要です．

図 6.9 は，酸化チタンの微結晶を3次元再構成したものです．酸化チタン (TiO₂) の微粒子の上に触媒として働く白金クラスター（白色）が観察できます．白金粒子は数 nm 以下であり，この存在分布については正しい情報を与えています．

〈**STEM-EELS, STEM-EDX マッピング像を使う場合**〉

STEM の結像は，プローブが1点1点試料を走査して2次元像を作っていくので上記の弾性散乱波以外の検出信号を使っても3次元トモグラフィーが可能です．

例えば EDX 検出器には，試料の原子サイズの領域からの放出 X 線強度が検

6.9　STEM による 3 次元電子顕微鏡法　　103

図 6.9　酸化チタン微粒子の 3 次元 STEM トモグラフィー像．輝点は数 nm の大きさの触媒白金クラスター．

出されます．この X 線は弾性散乱電子のように干渉することは少ないので，試料中で電子プローブにより励起された原子数や体積に比例した X 線信号が得られることが期待されます．すなわち，ある種の投影情報が得られ，最初に述べた投影断面定理が適用できる可能性があります．また EDX の信号は元素について選別できるので，単に原子の分布だけではなく元素種の分布の 3 次元像を描き出すことが可能になります．

同様のことは STEM-EELS マッピング像でも可能であり，EELS スペクトルのあるエネルギー領域の損失強度は，単位体積あたりの特定元素の数に比例すると考えられるので，投影断面定理の数式を使える可能性があります．

最近，種々の信号を使った多数の STEM 像を用い，トモグラフィーの原理を使って結晶中の欠陥を原子レベルで 3 次元可視化する研究が世界各国で進んでいます．

第 **7** 章　STEM の実際の装置と応用

## 7.1　装置

STEM 装置には，Crewe らによって開発された STEM 専用型と，通常の TEM に走査コイル，強励磁対物レンズ，像信号検出器およびエネルギー分析器を取り付けた TEM 併用型があります．両者は原理的には同等の性能が得られるはずですが，1990 年中頃までは 1 nm 以下の分解能のほとんどの仕事は，Crewe の装置を継承した英国の Vacuum Generator (VG) 社の装置でなされていました．

図 7.1 は，初期の Crewe の STEM 装置 (1968) の断面図を書きなおしたものです（図 2.6 も参照）．電子銃は輝度の高い冷陰極電界放射型 (cold-FEG) であり，加速電圧は 30〜40 kV です．3〜5 kV の第 1 アノード電圧による電界放射効果で〈310〉方位のタングステン針先から引き出された電子は，まず収差の少ないバトラー型静電レンズ（第 2 アノード電極）で収束されます．このクロスオーバーは非点収差を補正された後，短焦点の対物レンズ（＝収束レンズ）により試料上に直径 1 nm 以下，収束角約 $10^{-2}$ rad の電子プローブを作ります．このプローブは対物レンズ上部の偏向コイルにより試料面上を 2 次元的に走査されます．

試料下面から出た高角度弾性散乱電子は円環状検出器で受け，暗視野像を作る電気信号を得ます．透過電子はこの検出器の中央穴を通過し，その下の磁場セクタ型エネルギー分析器により小角度弾性散乱と非弾性散乱の電子を分離します．そして $I$(弾性) ／ $I$(非弾性) の信号演算によって $Z$-コントラスト像および明視野像を作る信号を得ます（2.3 節参照）．

装置の下部に最初からエネルギー分析器をつけていたことは現在からみても先駆的な考案でした．1970–80 年代にはこの装置を基礎にして VG 社により商用機が作られ，欧米の研究所に普及しました．一方，我が国では企業の研究所

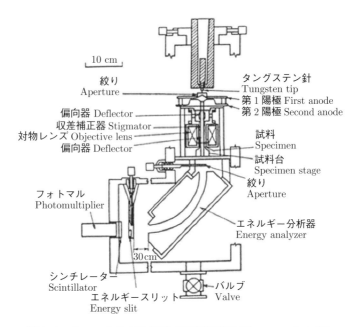

図 **7.1** Crewe の STEM 装置 の詳細断面図 (Crewe et al. 1968).

に数台入ったのみで大学には皆無でした．1990 年代前半までは Scherzer 理論に基礎をおく高分解能 TEM 法が我が国では全盛だったのです．

1990 年代からは，通常の TEM にも強励磁対物レンズを積んで電子ビームを収束し，それを走査することによって STEM 装置として使えるようになりました．現在では VG 社の装置を改良したもの (図 1.6) と TEM の方から発展した STEM 装置の 2 つのタイプが世界中に普及しており，ほぼ同等の性能が得られるようになっています．

## 7.2 原子像観察への応用

STEM の最近の応用は，なんと言っても 2.3 節で示した，単結晶試料の高分解能原子コラム像と炭素膜上の触媒単原子の観察，グラファイトや窒化ホウ素の単原子膜の観察です．また最近はローレンツ力を検出する結像モードで磁場ベクトル分布を可視化したり，微分位相コントラスト法 (DPC) を使って局所

電場分布をマッピングすることも可能になってきました.

初期の STEM 専用機では回折図形を見ながらその場で試料を傾斜することが TEM ほど容易でなかったので微粒子試料で高分解能像を得ることは大変難しい実験でした.

1980 年代初めに, Cowley は試料下に観察される回折図形をその場でモニターできるテレビ装置を自作し, 微粒子のナノ回折図形を短時間に多数枚撮影し, それをもとに多くの論文を発表しました (Cowley, 1993). 微小電子プローブによるナノ EELS と合わせ, ナノ回折法は現在でも STEM 応用のための基本的手法になっています.

相反定理に基づく明視野 STEM 法や多波格子像法は 1970 年代後半にはいくつかの研究が発表されましたが, 近年は多くありません. TEM のウィークビーム法が転位や積層欠陥の解析に多くの貢献したのにくらべ, STEM のこの方面の貢献は顕著ではないようです.

ただし, 近年米国の Phillips ら (2012) が金属中の転位の観察で多くの成果をあげています. これは少し厚い金属試料でも非弾性散乱による色収差の影響を受けないで観察できるという STEM の原理的特徴が生かされているのと思われます.

## 7.3 ナノ加工, ナノ操作への応用

細い電子線を試料に入射すると, 電子線の衝突エネルギーで試料中の原子を弾き飛ばしたり, 電流による加熱 (非弾性散乱) で試料を蒸発させることができます. これは広い意味で電子線による損傷ですが, 逆にこれを使って, 結晶膜に原子レベルの孔をあけたり, 試料膜を徐々に薄くして単原子層膜にしたり, ナノワイヤを作製することができます.

図 7.2 は, ナノプローブ電子線を使って酸化マグネシウム (MgO) の (001) 薄膜に四角い孔をあけた例です. [001] 方向から観察した MgO 結晶の構造は 4 回対称性がありますので丸い電子線を使っても孔の形は四角になってしまいます.

また電子線が入射する試料近傍に例えばタングステンカルボニルガスを吹き付けることにより, 遷移金属酸化物の細線を作製してナノ構造物を作ったり, 字を書いたりすることもできます (図 7.3).

図 **7.2** TEM のナノ電子プローブ機能を使った酸化マグネシウム (MgO) 薄膜への孔あけ (Kizuka et al., 1997).

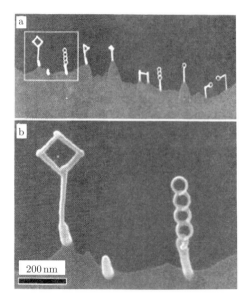

図 **7.3** STEM の電子プローブとタングステン化合物ガスを用いたナノ構造体の作製 (Furuya et al., 2008).

他方，1990 年に米国 IBM の研究者が，針の先で表面像を作る走査トンネル顕微鏡 (STM) を使って，冷却された銅表面上のキセノン原子 1 個をつまみ，別の場所に落とすことにより単原子をインキ代わりにした "IBM" という文字を書いて世界の人々を驚かせました（図 7.4）．この技術を使うと「百科事典が 1 つのチップに入ってしまう」とかその当時は話題をよびましたが，その後の有効な発展はありません．

7.3 ナノ加工，ナノ操作への応用　109

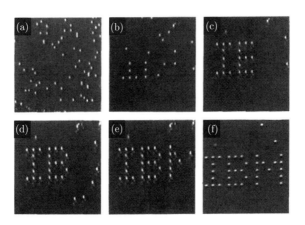

図 7.4　STM を使った冷却された銅表面上のキセノン原子の操作（文字書き）(Eigler & Schweizer, 1990).

　我々の日常生活に役立つためには，記録時間の短縮の問題があり，また記録にかかる費用も問題です．磁気抵抗効果なども援用して日々高密度化や高速化している計算機用ハードディスクや半導体メモリを商品としては越えられないのが現状です．これは科学と技術の間には大きなギャップがあることを理解するための良い例だと思われます．

# 第8章　電子顕微鏡の分解能はどこまでいくか？

## 8.1　分解能を決める要素

　STEM 像の点分解能は基本的に入射電子プローブの大きさで決まりますが，明視野像では TEM と STEM で同じ像強度を与えることは相反定理（6.2 節参照）によって保証されているので，まず TEM 像の分解能の説明から始め，次いで STEM 像の分解能を考えていきましょう．

　透過電子顕微鏡 (TEM) 像の点分解能は，機械的な外乱や電源の不安定性などの 2 次的なものを除けば，電子の波長と結像用レンズの収差（球面収差，色収差，非点収差など）によって決まります．特に重要なものは結像の 1 段目である対物レンズの球面収差とそのレンズを見込む角によって決まる回折収差，および 8.3 節で説明する色収差です．

　ここで中間レンズや投影レンズの収差はほとんど効かないことに注意しましょう．電子顕微鏡では対物レンズ以後のレンズは拡大用に使われます．試料中に存在する原子面間隔 ($d$) は像として拡大されるにつれ，その間隔に対応する回折波がレンズに入射する角 ($\alpha$) は順に小さくなります（格子による回折角は $\alpha \cong \lambda/d$ であるため）．したがって $\alpha$ の 3 次のベキ関数である球面収差などはほとんどきかなくなるのです．

## 8.2　レンズの球面収差と回折収差

　球面収差とは，すでに図 3.14 に示したように，平行電子線がレンズに入射すると，レンズを通った後に，光軸との角度の大きい電子線は焦点より少しレンズ側に収束してしまうことです．後焦点面での像は球面収差の係数を $C_s$，レン

ズへの入射角を $\alpha$ とすると

$$\delta_s = C_s \alpha^3 \tag{8.1}$$

だけ横方向に像がボケることになります（図 3.14 の点線の丸）．物体をレンズの左側の有限な位置において右側に像を作る場合でも，このボケは同様で，像面では式 (8.1) に倍率をかけただけボケることになります．

近軸光線についてのレンズの幾何光学理論から，ボケの量は光線の開き角 ($\alpha$) のべき級数で表すことができ，光軸周りの対称性の観点から奇数べき項のみになります．1 次の項は焦点はずし（デフォーカス）による像のボケで，3 次がこの球面収差によるボケです．

軸対称の静磁場を用いた電子レンズは，Scherzer が 1936 年に証明したように，原理的に凸レンズしか存在しないので，光学レンズのように凹レンズと組み合わせてこの球面収差を補正することができません．したがって収差による像のボケを小さくするにはレンズへの入射角 ($\alpha$) を極力小さくする必要があります．

幸い電子の波長は 0.00251 (200 kV)〜0.00370 (100 kV) nm であり，原子面間隔 ($d$) は 0.2〜0.3 nm 程度なので，散乱・回折角，すなわちレンズへの入射角 ($\alpha$) は，ブラッグの公式 $2d\sin\theta = \lambda$ の近似式である $2d\theta = \lambda$ と，回折角とブラッグ角の関係式 $\alpha = 2\theta$ を使うと $10^{-2}$ rad ($\cong 0.5$ 度) 程度であることがわかります．したがって $C_s$ の値が 1 mm 程度でもボケの量 $C_s \alpha^3$ は 1 nm 以下になり，1 個 1 個の原子コラムや原子面を分解して観察することができます．これが収差のある "悪い" レンズを使った透過電子顕微鏡 (TEM, STEM) でも原子が見える理由です．

次に回折収差は，電子が波であることとレンズの大きさが有限であるために起こります．図 3.15 に示したように試料によりレンズの外側に散乱された波は結像に寄与せず，フーリエ再合成が完全に行われないためです．これはフーリエ合成の「打ち切り誤差」と考えてもよいでしょう．外側の散乱波は，ブラッグ式の近似式 $\alpha \sim \lambda/d$ からもわかるように，試料の細かい間隔の情報をもっているため，結果として再生された像がぼけることになります．この収差は波と有限の大きさのレンズを使って結像する方法では逃れられない収差です．

回折収差による像のボケの大きさは，レンズと同じ大きさの丸孔の回折図形である "エアリーディスク" をボケを表す関数として考え，その 2 つがどこまで

## 8.2 レンズの球面収差と回折収差

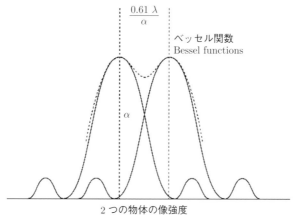

図 8.1　2つのベッセル関数（エアリー回折図形）の和.

接近しても2つのピークとして同定できるかという考察から

$$\delta_D = 0.61\lambda/\alpha_{\max} \tag{8.2}$$

で与えられます．式 (3.5) との違いは電子波の場合には散乱（回折）角 $\alpha$ が $10^{-2}$ rad 以下なので $\sin\alpha_{\max} \sim \alpha_{\max}$ と近似できるためです．係数 0.61 は，上記のピークが2つ重なったときに2点の像として見分けられるためには，中央部の強度のへこみをどの程度にとるかによって決まる定数であり，1次のベッセル関数で表されるエアリーディスクの最初のゼロ点に関わる数値 1.22 の半分です（図 8.1）．これはレーリー (Rayleigh) 条件とよばれます．

光学顕微鏡の場合は凸レンズと凹レンズを貼り合わせ，他の収差を小さくすることができるので，この回折収差のボケのみです．また対物レンズで有効に使える見込み角 $\alpha_{\max}$ は 1 rad ($\cong 57$ 度) 以上にできるので[1]，分解能 $\delta_D$ は $\lambda$ 程度になります．これが式 (3.5) で述べたアッベの分解能限界です．

上記の2つの収差が透過電子顕微鏡像の点分解能を決めます．一方は $\alpha$ の3乗，一方は $1/\alpha$ の関数になっているので，全体のボケを図 8.2 のように2つの収差によるボケを表す強度関数の単純和で考えると，適当な $\alpha_{opt}$ の値でボケの

---

[1] 試料から出た光を光学顕微鏡の対物レンズにあまねく取り入れるために，試料と対物レンズの間に液体を満たす「油浸」という方法が考えられました．

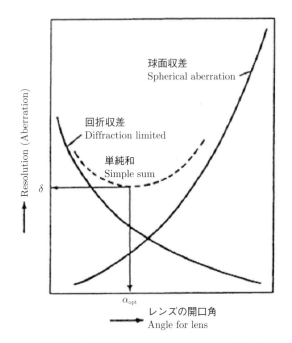

図 8.2 球面収差と回折収差による像のぼけのレンズ開口角依存性.

最小値,つまり分解能の最小値を与えます.その $\alpha$ 値とそのときの分解能 $\delta_{\min}$ は式 (8.1) と (8.2) の和の簡単な微分計算によって

$$\delta_{\min} = 1.2\sqrt[4]{C_s\lambda^3} \tag{8.3}$$

$$\alpha_{opt} = \sqrt[4]{\frac{0.62\lambda}{3C_s}} \tag{8.4}$$

で与えられます.

現在の 200 kV の通常の電子顕微鏡では $C_s$ の値は 0.5 mm 程度になっており, $\lambda$ =0.00251 nm であるので,式 (8.3) に入れると点分解能として 0.357 nm という値が得られます.これは単原子の大きさ程度です.この式からも TEM で原子が観察できるという可能性が示されるわけです.

ここでの議論はそれぞれのボケた像強度を加算するという単純化されたものですが,1949 年に発表された Scherzer の論文では,2 つの収差によるボケを位相も含めた波の振幅の足し算として扱い,電子顕微鏡で単原子を観察するとき

の分解能と最適のレンズ取り込み角（＝対物絞りの大きさ），さらにこれに適するレンズの励磁状態（最適フォーカス）の式を次のように導きました．これらの式は高分解能透過電子顕微鏡学では重要な式です．

$$\delta_{\min} = 0.66 \sqrt[4]{C_s \lambda^3} \tag{8.5}$$

$$\alpha_{opt} = 1.5 \sqrt[4]{\frac{\lambda}{C_s}} \tag{8.6}$$

$$\Delta f_{opt} = -1.2 \sqrt{C_s \lambda} \tag{8.7}$$

ここで，式 (8.7) の最適フォーカス値はシェルツアーフォーカスとよばれ，正焦点位置よりレンズが弱く励磁した状態（アンダーフォーカス側）にあります．上記の $C_s = 0.5\,\mathrm{mm}$, $= 0.00251\,\mathrm{nm}$ を入れると，正焦点から $42.5\,\mathrm{nm}$ 不足焦点（アンダーフォーカス）状態です．

## 8.3 　他の収差の分解能への影響

　実際の電子顕微鏡観察では，上記の球面，回折収差の他に軸上色収差や，光軸からの距離にも依存する軸外収差の 1 つである非点収差も分解能を制限します．

　非点収差とは図 8.3 に示すように像面の $x$-方向と $y$-方向とで焦点距離が異なり像がボケる現象です．この非点収差はレンズのポールピース材料の不均一性や加工時の工作誤差および試料やポールピースの局所的帯電などで生じます．この収差はレンズの周りに 4 極の補正コイルを置き，観察者が像を見ながら最終的には補正します．

　その具体的な補正法は，5 万倍以下の像では $1\,\mu\mathrm{m}$ 程度の大きさの丸孔の像の周りに生じる白または黒のフレネル縞がどの方向にも一様に出るようにします．また 20 万倍以上の高倍率像では，対物レンズの焦点はずれ量を変化させても非晶質カーボン膜の粒状性像（ムラムラ像）が間隔だけが変化して流れないようにすることです（図 8.4）．後者の方法については，非点収差が補正されたときには，この粒状性像の 2 次元フーリエ変換図形が丸くなることを利用して非点収差を補正することもできます．

　STEM 観察の場合は，電子プローブの走査を止め，蛍光板上に拡大された極細プローブの像を真円にするか，非晶質膜に収束プローブをフォーカスしたと

## 116　第 8 章　電子顕微鏡の分解能はどこまでいくか？

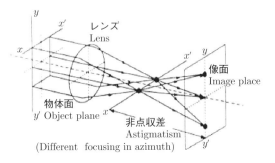

図 **8.3**　凸レンズの非点収差の説明図.

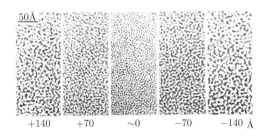

図 **8.4**　非晶質炭素膜のスルーフォーカス高分解能 TEM 像（位相コントラスト像）．下の数字は焦点はずれ量 (Å)．この場合のみ不足焦点（アンダーフォーカス）状態を正で表している（田中穣氏の博士論文より複製）．

きの投影像（シャドーイメージ）の中央部が一様な円板となるようにレンズの収差を補正します（図 8.5）．これをロンキ図形 (Ronchigram) ともいいます．中央のフラットの角度領域がレンズの収差がない状態で電子ビームを収束できることを示しています (Tanaka, 2015)．

次に色収差とは，顕微鏡の加速電圧のゆらぎや試料中で起こる非弾性散乱で電子線のエネルギーが変わり，レンズの焦点位置が変わってしまうために像がボケることです．レンズの焦点距離は式 (3.14) で示したように加速電圧 $E$ とレンズ電流により励磁された磁場 $B$ の関数だからです．

薄肉電子レンズの焦点距離は $f \propto E$ の関係があるので（田中，2009），加速電圧のゆらぎによる変動は

$$\frac{\Delta f}{f} = \frac{\Delta E}{E} \tag{8.8}$$

です．像のボケ $\delta_c$ は，$\alpha$ をレンズを使う角（= 散乱角，回折角）とすると，

## 8.3 他の収差の分解能への影響

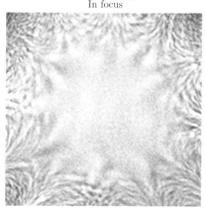

正焦点
In focus

40 mrad

**図 8.5** 300 kV の STEM で非晶質膜を STEM 観察中にプローブ止めたときの回折図形（ロンキ図形）．中心部の一様なコントラストに相当する角度まで，収束用対物レンズの収差が補正されていることを示す．外側の星型コントラストはこの対称性をもつ収差が残っていることを示す（日本電子 (株) 沢田氏のご厚意による）．

$\delta_c = \alpha \Delta f$ で与えられますから

$$\delta_c = C_c \frac{\Delta E}{E} \alpha = \Delta \alpha \tag{8.9}$$

が成り立ちます．式 (3.15) の第 2 項にも出てきたように，この $C_c$ のことを色収差係数といい，現代の装置では 1～2 mm です．

式 (8.9) の $\Delta$ は焦点ゆらぎ幅 (defocus spread) といい装置の電気的安定性を示す物理量です．焦点距離は加速電圧ばかりでなく対物レンズの励磁電流 ($I$) がゆらいでも変化します．レンズ内の磁場が変化するからです．このときは $\Delta$ を式 (8.10) のよう拡張して使います．

$$\Delta = C_c \sqrt{\left(\frac{\Delta E}{E}\right)^2 + 2\left(\frac{\Delta I}{I}\right)^2}. \tag{8.10}$$

## 118　第 8 章　電子顕微鏡の分解能はどこまでいくか？

### 8.4　レンズ法と走査法の像分解能の同等性

すでに本書で説明してきましたように，電子線イメージングの方法は以下の 2 つに大別することができます．

〈レンズ法〉

レンズ法は別の場所に拡大像を作る代表的な方法です．$1/a + 1/b = 1/f$ の薄肉レンズの公式に従ってレンズの反対側に試料の形と相似な倒立像ができます（図 3.11(a)）．特徴は 2 次元画像の強度 $I(x, y)$ を一度に結像できることです．この方法では試料の情報を離れた場所に転送するのに波の伝播とレンズによる屈折，集光作用という現象を使っています．

この結像過程を数学の言葉で表すと，試料左からの入射波によって試料のすぐ後方にできた波動場を 2 回，2 次元フーリエ変換をすると，像面に試料のものとは倒立した波動場が得られ，次にこの複素数の波動場の絶対値 2 乗をとると像強度が得られるということです．透過電子顕微鏡 (transmission electron microscope; TEM) はこの方法を使っています．

〈走査法〉

この方法では離れた場所へ試料の情報を移すのに波の伝播は使っておらず，CRT などの画像表示装置までの電線を使っています．この方法の欠点は，有限の走査時間のため，1 枚の像の左上の部分と右下の部分が異なった時刻に作られるということです．したがって高速の変動現象の観察には向きません．

この方法を用いた電子顕微鏡は 2 種類あります．試料の上方に出てくる 2 次電子線強度で像を描く走査電子顕微鏡 (scanning electron microscope; SEM) と，試料の下方に出てくる電子の強度で像を描く走査透過電子顕微鏡 (scanning transmission electron microscope; STEM) です．図 3.16 と 3.20 を見て下さい．

次に走査法でイメージングする場合の分解能を考えてみましょう．このときは図 3.11(b) のように電子線をレンズの左側から入射して，右側の焦点面にビームを絞り，そこへ試料を置くことになります．レンズの収差のない場合のスポットの径（＝分解能）は式 (3.5) または式 (8.2) のアッベの式で与えられます．現在では SEM と STEM の両方で原子レベルの像分解能を実現しています．

この式からもわかるように，レンズ法またはプローブ走査法，どちらを用いるにしても，原子レベルの分解能を得るには光の波より波長がはるかに短い電子の波を用いることが必要です．

## 8.5 　STEM像についての他の分解能影響因子

上記のアッベの式で表されるレンズによる回折収差や球面収差の他に，実際のSTEM像の分解能に影響を与える因子としては，

① 散乱電子の発生，検出，および電気信号への変換効率
② 電子銃の輝度で決まるプローブ径
③ 試料膜中での入射電子線の横方向への拡がり度合い
④ 走査線の間隔（低倍率の場合）
⑤ 装置，特に電子プローブの走査の安定性

① は，試料で電子が散乱される確率，およびその電子が蛍光板と光電子増倍管（フォトマル）で電気信号に変換される効率に関するもので，式 (3.16) で説明したプローブ内の入射電子数 $n_i$ を決めるものです．像のコントラスト ($C$) と電子ビーム内の入射電子数 ($n_i$) の間には式 (3.18) のローゼ (Rose) の不等式，$C > 5\sqrt{n_i}$ が成り立ちます．この式にコントラストの値（例えば $10\% = 0.1$）を入れれば，$n_i$ の必要最小値が求まります．この値は式 (3.15), (3.16) を通して② のビーム径に影響します．② についてはすでに式 (3.15) で説明しました．③ は，試料上面に入射した電子ビームが試料中での多重散乱によって拡がり，2 次散乱電子線を出す領域が入射プローブ径より大きくなり，試料中に埋もれた原子クラスターなどの像分解能が低下することです．

## 8.6 　ピクセルサイズと分解能の関係

読者の皆様には，通常の印刷画像などから類推して走査像の画素サイズが分解能に影響するのではと思われる方がいるかもしれません．画素サイズが分解能に効いてくるのは走査像が低倍率の場合です．単原子を結像するような高倍

率像の場合は，例えば原子1個の像は縦横10個以上の画素を使って結像するようになっています．したがって問題は画素サイズではなく，複数の画素で表される像強度分布がどれだけボケているかということです．

　信号が極めて少なく各画素間の統計ゆらぎが信号より大きくなっている場合を除けば，この画素強度列から原子の像のプロファイルを決めることができ，2個の原子の像の場合は中央のへこみの量を，例えばレーリーの分解能基準値である最大強度の74%などと設定すれば，2点の像が分解されているかされていないかは判定できることになります（図8.1参照）．

## 8.7　STEMの分解能の極限 —収差補正技術の進展—

　8.1節と8.4節で述べたようにTEMとSTEMの点分解能は原理的に同じですが，STEMの方は，「走査する電子プローブが細ければ細いほど良い」という直感的にわかりやすい説明ができます．そうすると3.7.2項の幾何光学的説明がそのまま成り立ち 式 (3.15) の $d$ を小さくするには，「収束用レンズの収差を小さくする」，「レンズの開口角を大きくする」，「電子の波長を短くする」そして「電子銃の輝度を大きくする」につきるわけです．

　ここで電子レンズの収差補正の技術開発について少し説明を加えましょう (Erni, 2010; Tanaka, 2015)．Scherzerは1936年の論文で，光軸対称の静磁場では凸レンズしか可能でなく，ガラス製レンズでなされているように凹レンズを組み合わせて収差を補正することは不可能であることを示しました．次の1947年の論文では，回転対称性のない4極，6極，8極の磁極を光軸と垂直にして，収差のある凸レンズの次に配置することによって，凸レンズ収差が中心付近では補正できることを示しました（図8.6）．

　以後約50年間にわたり種々の技術開発が行われましたが，実用に耐えるレベル，しかも収差のある高分解能TEMをしのぐ分解能を達成する装置を作ることはできませんでした．これは電気的不安定性などを除去できなかったからです．

　しかし1980年初頭の6極子を使ったRoseの提案をHaiderが1990年代後半に実用化することに成功し，現実に200kVのTEMの分解能は0.1nmを切ることができました (1998, 2008)．

## 8.7 STEMの分解能の極限 —収差補正技術の進展—

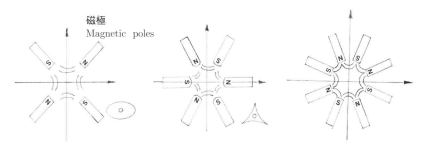

図 **8.6** 対物レンズの収差補正のための4極, 6極, 8極の磁極子. 電子の進行方向は紙面に垂直.

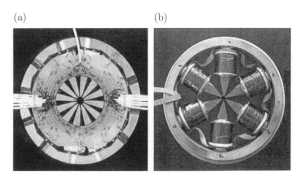

図 **8.7** 現代の12極の収差補正磁極子 (a) と, 開発初期の6極補正子 (b) (Haider氏のご厚意による, 2008).

STEMに8極子と4極子収差補正器を積み, プローブを極小化することは同時期にKrivanekら (1999) によって行われました. 一方HaiderらがTEM用に開発した6極子補正器をSTEMの収束（対物）レンズの上に設置しても入射プローブの収差が補正できます. 図8.7は現代の12極子補正装置 (a) と, Haiderらにより1980年代に開発された6極子収差補正装置 (b) を電子線が入射する上面から見たものです (Haider, 2008).

21世紀に入り, 3次の球面収差はほぼ補正されて, 一部の5次の収差も補正され, レンズの可能開口角は300 kVの加速電圧の装置では50 mrad以上に達しています（図8.5参照）. 式 (3.5) のアッベの分解能の式でいうと $\delta = 24\,\mathrm{pm}$ です. また電界放射型電子銃の商用化により, 輝度も $10^9\,\mathrm{A/cm^2\,sr}$ 以上に達し, また鏡体の機械的安定性の向上や, 電子線偏向回路の高安定性の実現によっ

て，300 kV の STEM 装置では 50 pm 以下の大きさの電子線プローブが実現し，40.5 pm 離れた [212] 方位の窒化ガリウム (GaN) 結晶の 2 つの原子コラムが分解された STEM 像も得られています (Morishita et al., 2018)．今後も収差補正技術の進展により，30 pm の点分解能も夢ではありません[2]．

　プローブを絞ること自体は単純な原理に基づくものですが，試料との相互作用の情報–しかも数 10 pm レベルで局在化している情報–をいかに取り出すかが電子顕微鏡学の今後の課題になってきます．すなわち，高分解能電子顕微鏡観察にとって，装置の分解能と試料とはお互い影響しあう存在なのです．

---

[2] 明視野 TEM 像の場合には，原子または原子コラムからの多くの散乱波をフーリエ合成して結像に使うため，高角側の原子散乱因子（式 (2.2) 参照）の減衰が点分解能に限界を与えるという議論もあります (Lentzen (2008))．電子線の散乱因子は X 線の散乱因子とくらべ，高角側でより早く減衰します．これは原子が細かくは見えにくいということを意味します．原子核のクーロンポテンシャルが，その周りの周回電子によってスクリーニングされてボケているからです．

# 第9章 おわりに

　本書では，1個1個の原子を見ることに焦点をあて，その有力な方法である走査透過電子顕微鏡 (STEM) について，その成りたちと物理学的基礎，および最近の進展について，やさしい言葉で説明してきました．2017年の現在，$Z = 20$以上の元素なら薄い支持膜上や炭素ナノチューブに内包された単原子が観察可能であるし，単層膜なら $Z = 5$ のホウ素の単原子までも可視化されています．

　本書のまとめとして，STEM も含め，透過電子顕微鏡で試料の何を見ているのか，を箇条書きに整理してみたいと思います．

(1) TEM で単原子を見る ⇔ 単原子の周りの静電ポテンシャル $V(x, y, z)$ による入射電子波の位相ずれを検出し，対物レンズの収差を使って振幅変調に変える（Scherzer の位相コントラスト法）

(2) TEM で結晶内の静電ポテンシャルの周期性を見る ⇔ ブラッグ回折波と透過波を干渉させて強度変調した格子縞を発生させる（格子像法）．この方法を最適化すると結晶中の格子と格子縞を対応させることができます．さらにこの方法を多波に拡張したものが構造像 (structure image) 法です．

(3) TEM で試料の厚さを測る ⇔ 試料を透過した電子の位相ずれを電子線ホログラフィー法で計測し，平均内部ポテンシャル $(V_0)$ × 試料厚さ $(t)$ × $\pi/\lambda E$ で解釈する（式 (9.1) および付録 A5 参照）．試料の厚さが一定なら平均内部ポテンシャルの変化が測定できる．

(4) 暗視野 STEM で単原子を見る ⇔ 単原子の散乱断面積に比例する散乱強度で像を描く（$Z^2$-コントラスト）．この像のコントラストは単原子による電子のラザフォード散乱を基礎にしています．

(5) STEM-EELS 法で，特定の原子による非弾性散乱強度を特定のエネルギーウィンドウで取り出し像を描く

(6) 暗視野 STEM 法で，晶帯軸方向に向けた結晶の原子コラム位置を形像する

($Z^{2-x}$ コントラスト)

（動力学的回折現象である電子線チャネリング現象からの散乱電子線強度を計算し，実際の原子コラム像強度と合わせる）

さらに，原子レベルの電子顕微鏡観察ではありませんが,

(7) 試料の中および外部の電場 $E(r)$ や磁場 $B(r)$ による電子波の位相変調やそれにともなう屈曲を検出する（ホログラフィー TEM 法，ローレンツ TEM 法，ローレンツ STEM 法）．その位相変調は次式で与えられます (Aharonov and Bohm, 1959).

$$\delta = \sigma V(r)\Delta z - \frac{e}{\hbar} \int B\left(r'\right) \cdot dS' \qquad (\sigma = \pi/\lambda E). \qquad (9.1)$$

(8) 微分位相コントラスト (DPC)-STEM 法を用い，クーロン力による電子線の微小な屈曲を検出し，原子の周りの局所電場を求める

(9) TEM で単結晶の静電ポテンシャルが周期性から外れたところを可視化する（格子欠陥の回折コントラスト像法）

　これらのコントラストが生ずる根源的な原因は，電子がもつ負電荷 ($-e = -1.6 \times 10^{-19}$ C) と原子および結晶中の静電ポテンシャルによるクーロン力，および試料内および周辺部の磁場によるローレンツ力 ($F = -ev \times B$) です．いずれも電子の電荷のみを利用しています．

　入射電子のもつ角運動量量子数の電子顕微鏡観察への利用については，2010年に Uchida と Tonomura（内田，外村）によって二硫化モリブデン (MoS$_2$) 薄膜のらせん転位の出射面でらせん電子波が観測され，次いで McMorran (2011) によって人工的に TEM 内でらせん波が生成できることが報告されています（図 1.10）．しかしながら，らせん波と試料中の磁場 $B$ またはベクトルポテンシャル $A$ との相互作用が原子レベルで明確に観測されたという報告はまだない状況です．

　らせん運動をしながら入射する電子のもつ角運動量 $l$ と試料中の $z$-方向の磁場 $B$ との相互作用の大きさは概ね Zeeman エネルギーで評価でき，以下のように表されます．

$$\Delta E = \frac{eB_z}{2m} l_z \quad (\text{SI 単位}) \qquad (9.2)$$

この値は，静電ポテンシャルによるクーロンエネルギー $eV(x,y,z)$ とくら

べ格段に小さく，$10^{-5}$ 程度の極小量です．これを検出するには TEM または STEM 装置のさらなる安定性が求められます．

もう 1 つの未利用量子数である電子のスピン量子数については，すでに図 4.1 に示したように，名古屋大学において電子波の波数ベクトルに平行または直角に 90%以上偏極した電子線が定常的に発生できており，それを通常の TEM の光学系に導き明視野像を得ることは実現しています (Kuwahara et al. 2012). しかしながら上記の量子数 $l$ をスピン量子数 $s$ に換えた Zeeman エネルギー項による信号差の検出は同様の微小量のためまだ十分な観察結果が報告されてはいません．

それにしても，数 keV から 3 MeV 程度のエネルギーをもつ電子線を自由に発生させ，またそれを単原子の大きさより小さいサイズに絞ったり，また原子の頭をなぜるように走査できるという技術を，電子の発見からわずか 100 年余で可能にした人類の知恵と科学技術の進展は素晴らしいものです．

# 付録

## A.1　走査トンネル顕微鏡 (STM) について

2.2 節で紹介した STM（図 2.7）は STEM とはエネルギーは違いますが同じ電子線を使っており，走査法で結像する共通性をもつので，ここでその原理を再度説明しておきましょう.

薄いポテンシャル障壁があるとき，それを電子が通り抜ける確率が存在することは量子力学の「トンネル効果」として知られています. 具体的には，金属/絶縁体/金属の系や，金属/真空ギャップ/金属の系の両端に電圧をかけた場合にトンネル現象は起こります. 金属にかける電圧を $V$，その端の曲率半径を $\rho$ とすると，端近傍の電場強度は $V/5\rho$ 程度になるので，片方の金属が針状の場合には局所電界は非常に高くなり，針が金属から離れていても真空ギャップを通して電子のトンネリングが起こります.

観察したい平坦な試料の近傍に細針を近づけ，真空ギャップを通して数ボルトの直流電圧をかけると実際にトンネル電流が流れることは 1970 年初頭から知られていました. この電流を強度信号として 2 次元像を書くこともできますが，この針を試料表面すれすれに，かつ表面にぶつからないように原子レベルで $x, y$ 方向に走査する手段が実現していませんでした. 1970 年代初頭から DEKTAC™ とよばれる針を使った蒸着膜用膜厚計が売られていましたが，それが $x, y$ 方向について原子分解能を持ちうるとは誰も考えませんでした. また外部から引き起こされる探針などの縦横振動をどのように押さえるかも問題でした.

1980 年初頭，IBM チューリッヒ研究所の Binnig & Rohler (1982) はピエゾ素子を左右上下の針駆動用に用い，磁気浮上の台の上に装置を載せることによって原子レベルのトンネル電流像を得ました. その試料は，当時構造が未解明だったシリコン (111) 面の $7 \times 7$ 清浄表面構造（図 1.4）だったので特に話題になり

ました．ここで針の縦方向（$z$-方向）の高さの調節は，トンネル電流値が距離に応じて指数関数的に減少する現象を使って高感度のフィードバック回路を構成して行いました．

この成功は，FIM，STEM に次いで人類に原子を可視化する第 3 の方法を与えることになりました（2.2 節参照）．しかし観察できる試料は電流の流れるものに限られたため，絶縁体やイオン結晶の表面観察を同様なピエゾ駆動走査系で実現することも研究されました．この場合の検出信号は針の先端と試料表面が引き合う原子間力でした．

このための装置は 1980 年代末にカリフォルニア大学の Quate 教授らのグループで主に開発された原子間力顕微鏡 (atomic force microscope, AFM) です[1]．人類は試料の原子と針先の原子が引き合ったり反発しあったりする $10^{-6} \sim 10^{-10}$ ニュートン (N) の微小な力まで計測できるようになっているのです．

## A.2　量子力学の散乱問題，および原子散乱因子

負電荷をもつ電子が試料に入射すると，結晶を構成する原子の原子核の正電荷 $(Ze)$ によるクーロン引力を受けて軌道が内側に曲がります（図 A2.1(a) の点線）．これを電子線の散乱といいます．入射線と出射線のエネルギーの変化によって弾性散乱と非弾性散乱に分けられます．電子回折装置で原子配列の構造解析する場合は主に弾性散乱を用い，バンド構造などの情報を得る「結晶中電子のエネルギー状態」の解析では，入射電子がエネルギー失う過程である非弾性散乱を用います．

試料による電子線の散乱を考えるときには，1 個の原子による 1 個の電子の散乱から出発します．電子にとっての原子は，原子核が作るクーロンポテンシャルと負電荷をもつ電子雲の影響を考慮した静電ポテンシャル $V(\boldsymbol{r}) = V(r) = -Ze^2 e^{-r/R}/4\pi\varepsilon_0 r$ で表されます．電子による遮蔽効果を含んだこのポテンシャルは Wentzel または Yukawa（湯川）ポテンシャルとよばれます．ここで $Z$ は原子番号，$R$ は電子雲がクーロンポテンシャルを遮蔽する程度を表し指数関数の減衰度合いを決定します．$\varepsilon_0$ は真空の誘電率です．

この散乱現象を電子が波であるという立場で取り扱うと，静電ポテンシャル

---

[1] 第 2 章脚注 5) 参照．

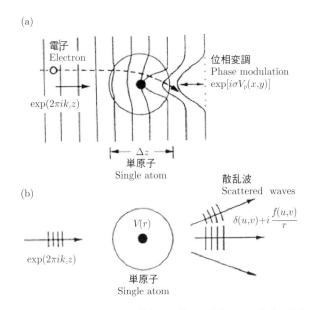

図 **A2.1** 原子による電子の散乱 (a) 粒子的描像, (b) 波動的描像.

$V(\boldsymbol{r})$ に向かって電子の平面波 $\exp(2\pi ikz)$ が入射すると考えます(図 2.3 および A2.1(b))．その入射を原因として原子から 2 次波としての球面波が出ます．その振幅を $f$ とすると，良い近似で，式 (2.2) のようにポテンシャル $V(\boldsymbol{r})$ の 3 次元フーリエ変換で表されます．この解は，シュレディンガー方程式を，遠方で観測される波動場は入射波とこの球面波の和であるという条件で解くと得られます[2]．

ここでフーリエ変換とは $V(\boldsymbol{r})$ に角度座標と位置座標の積 $\boldsymbol{q}\cdot\boldsymbol{r}$ を変数にもつ指数関数をかけ，座標 $x,y,z$ の 3 次元空間中で積分をすることです．得られる結果は，角度の座標 $\boldsymbol{q}$ をもつ関数です．この角度成分を図 A2.1(b) では $(u,v)$ で表しています．$\boldsymbol{q}$ は散乱ベクトルともいい，入射波の方向を決める波数ベクトルと散乱波の波数ベクトルの差 $(\boldsymbol{K}-\boldsymbol{K}_0)$ です．波数ベクトルは $1/\lambda$ の大きさをもち波の進行方向を表すベクトルです[7]．計算では $x,y,z$ の代わりに $r,\theta,\phi$ の球座標も使います．$2\theta$ が散乱角 $\alpha$ です．それを使うと式 (2.2) と同じ内容ですが次の式になります．

---

[2] 第 2 章脚注 3) 参照．

130  付録

$$f\left(\boldsymbol{q}\right) = \frac{2\pi me}{h^2}\hat{F}\left[V\left(x,y,z\right)\right] = \frac{2\pi m_0 e}{h^2}\hat{F}\left[V\left(r,\theta,\phi\right)\right]$$
$$= \frac{2\pi m_0 e}{h^2}\iiint V\left(\boldsymbol{r'}\right)\exp(-2\pi i\boldsymbol{q}\cdot\boldsymbol{r})dV' \tag{A2.1}$$

この $f$ を原子散乱因子といい，一般的には複素数です．$\hat{F}$ はフーリエ変換を表します．

散乱波の振幅（= 複素数）を測定し，それをフーリエ変換すれば，試料原子の周りの静電ポテンシャル分布がわかるというわけです．これが電子線により結晶構造を解析する原理です．ただしフィルムに記録されるのは，フィルムまでの距離を $r$ とすると，散乱振幅の 2 乗である強度 $|f|^2/r^2$ です．この絶対値の 2 乗を得る数学的操作により複素数の位相が欠落してしまった測定データからフーリエ変換してもポテンシャル分布は求まりません．この困難は X 線回折法にも存在し「位相問題」といいます [3]．

各元素についての $f$ の計算値は International Table for X-ray Crystallography (IUCr/Springer) に記載されています．

X 線（= 電磁波）を単原子に入射したときの散乱波の振幅 $f^x$（X 線の原子散乱因子）と電子線の $f$ とは，次の式 (A2.2) の Mott の式で結びつけられます．ここで $2\theta$ は散乱角です．

$$f^e\left(2\theta\right) = \frac{me^2}{8\pi\varepsilon_0 h^2}\frac{Z - f^x\left(\theta\right)}{\left(\sin\theta/\lambda\right)^2} \tag{A2.2}$$

この X 線の原子散乱因子 $f^x$ とは，原子核の周りの電子分布 $\rho\left(x,y,z\right)$ の 3 次元のフーリエ変換であるということに注意します．

〈証明〉

$$f = \frac{2\pi me}{h^2}\int V\left(\boldsymbol{r'}\right)\exp\left[-2\pi i\left(\boldsymbol{K} - \boldsymbol{K}_0\right)\cdot\boldsymbol{r'}\right]dV' \quad \boldsymbol{K} - \boldsymbol{K}_0 = \boldsymbol{q} \tag{A2.3}$$

$$f = \frac{4\pi^2 me}{h^2}\int_0^\infty V\left(r\right)r^2 dr\int_0^\pi \exp\left(-isr\cos\theta\right)\sin\theta d\theta$$
$$= \frac{8\pi^2 me}{h^2}\int_0^\infty V\left(r\right)\frac{\sin sr}{sr}r^2 dr \quad \text{（球対称のポテンシャルを仮定）} \tag{A2.4}$$

―――――――――――――
[3] 第 6 章脚注 2) 参照.

$$s = |s| = 2\pi |\boldsymbol{K} - \boldsymbol{K}_0| \tag{A2.5}$$

$$\nabla^2 V(r) = -e(Z \cdot \delta(r) - \rho(r))/\varepsilon_0 \quad (\text{ポアソン方程式}) \tag{A2.6}$$

$$f = \frac{2me^2}{\varepsilon_0 h^2 s^2}\left(Z - 4\pi \int_0^\infty \rho(r) \frac{\sin sr}{sr} r^2 dr\right) \quad (\text{第 2 項が X 線の原子散乱因子}) \tag{A2.7}$$

$$f = \frac{me^2}{8\pi\varepsilon_0 h^2} \frac{(Z - f^x(\theta))}{(\sin\theta/\lambda)^2} \tag{A2.8}$$

## A.3 結晶による電子波の回折現象

　次に単原子が 3 次元的に規則的に並んでいる単結晶からの散乱波（＝ 回折波）を考えてみましょう．まず結晶を構成する 1 つの単位胞からの散乱波を考えます．単位胞内のいくつかの原子は原点からずれているため，1 個の原子からの散乱波を散乱波の出射位置が異なることから生ずる波の位相差を考慮して加え合わせなければなりません．

　図 A3.1(a) は 2 個の原子の場合のそれぞれからの散乱波の位相差を説明しています．左の原子の位置を原点 O としたとき，$\boldsymbol{r}_j$ だけ離れた右の原子による散乱波の位相は $\exp[-2\pi i(\boldsymbol{q}\cdot\boldsymbol{r}_j)]$ と表されます．単位胞の基本ベクトルを $\boldsymbol{a},\ \boldsymbol{b},\ \boldsymbol{c}$, その逆格子ベクトルを $\boldsymbol{a}^*, \boldsymbol{b}^*, \boldsymbol{c}^*$ すると，$\boldsymbol{r}_j = x_j\boldsymbol{a} + y_j\boldsymbol{b} + z_j\boldsymbol{c}$, $\boldsymbol{q} = h\boldsymbol{a}^* + k\boldsymbol{b}^* + l\boldsymbol{c}^*$ と表されるので，結晶を構成する 1 個の単位胞からの散乱波は，図 A3.1(b), (c) に示す体心および面心立方格子のような単位胞内の各原子からの散乱波を足し合わせた式 (A3.1) のように表されます．ここで，指数関数の部分が単位胞内で原子の位置が違うことによって生ずる位相差です．

$$F(h,k,l) = \sum_j f_j \exp\left[-2\pi i\left(hx_j + ky_j + lz_j\right)\right] \tag{A3.1}$$

$j$ は原子散乱因子について原子種（金の原子か銅の原子か）を区別するもので，$x_j$ などは単位胞内のその原子の座標，$h, k, l$ は方向を決める逆格子ベクトルの係数を表し，また格子面の方向を示すミラー指数でもあります．この $F$ を「結晶構造因子」といいます．

　単結晶の場合，これより大きな構造は図 A3.2 に示すように単位胞のくり返し

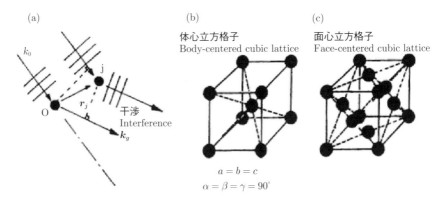

図 **A3.1**　2個の原子からの電子波の散乱 (a)，体心立方格子 (b) と面心立方格子 (c) 内の原子配列．

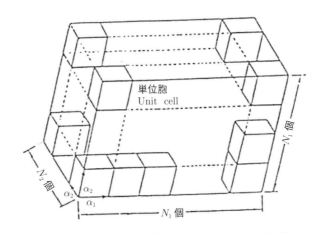

図 **A3.2**　結晶における単位胞の $x, y, z$ -方向への繰り返し．

ですから，単位胞内のポテンシャル分布 $V(\boldsymbol{r})$ が求めることができれば構造解析は終了したと考えることができます．

他方，ナノ材料については単位胞より外側の構造が一様でなく，それに応じて多様な興味ある形態と物性が出現します．炭素ナノチューブや半導体量子ドットなどを思い浮かべてください．

単位胞のくり返し効果は，単位胞原点の座標を $\boldsymbol{R}_n$ とすると，式 (A3.1) と同様に，各単位胞原点の場所の差を考えて，そこからから出る散乱波の位相差を

考慮して加え合わせると

$$F \sum_n \exp[-2\pi i(\boldsymbol{q} \cdot \boldsymbol{R}_n)] \tag{A3.2}$$

になります．$\boldsymbol{q}$ は再び散乱（回折）ベクトルで，$\boldsymbol{q} = \boldsymbol{K} - \boldsymbol{K}_0$ です．回折強度は $I = |F|^2 \left(\sum \exp(-2\pi i \boldsymbol{q} \cdot \boldsymbol{R}_n)\right)^2$ となります．この $(\ldots)^2$ の部分は単位胞のくり返し効果を表し，回折関数 $G$ と書きます．この関数 $G$ の中の $\boldsymbol{q}$ を先ほどの $h, k, l$ のミラー指数で表し，指数関数の等比級数の和の公式を使うと，式 (A3.3)となります (Kittel, 1968)．

$$G = \frac{\sin^2 N_1 \pi h}{\sin^2 \pi h} \cdot \frac{\sin^2 N_2 \pi k}{\sin^2 \pi k} \cdot \frac{\sin^2 N_3 \pi l}{\sin^2 \pi l} \tag{A3.3}$$

ここで $N_1, N_2, N_3$ は $x, y, z$ 軸方向の単位胞のくり返し数であり（図 A3.2），実際上は極めて大きな数です．

式 (A3.3) が結晶の外形が回折図形に与える影響を表すものです．$G$ を形状因子またはラウエ回折関数ともいいます．関数 $G$ は $h, k, l$ が整数のときのみ大きな値をもち，スパイク状になります．これが結晶からの電子回折図形が格子状の斑点になる理由です．

格子状斑点の配置は図 2.4(a) と (b) を参照しながら，エワルドの方法で求めることができます．高速電子線による回折現象ではその波長が短いので，3 次元の逆格子を電子線の入射方向に垂直なほとんど平面に近いエワルド球で切り，その交点を，波の発散点 $L$ を極として地図法でいう「極投影」したものが観察される回折斑点となります．したがって，X 線回折法で使うステレオ投影図は不要です．

そして，図 2.4(a) の下方，試料からの距離 $L$ にフィルムを置くと，透過波と回折波に対応した，$r$ だけ離れた斑点列が記録できます．試料が多結晶のときは，上の逆格子を 3 次元空間中のあらゆる方向に回したものにエワルドの方法を適用すればよいので，回折環（デバイリング）になります．

図 2.1(a) の幾何学より $r = L \tan 2\theta$ であり，ブラッグの公式 $2d \sin \theta = \lambda$ と組み合わせ，$\sin \theta \sim \theta$ などの一次の近似式を使うと，$rd = \lambda L$ の関係式が得られます．この式がフィルム上の $r$ を測定して試料結晶中に存在する間隔 $d$ を求めるという電子回折実験の基本式になります．より近似の高い式は，arctan や arcsin 関数の高次までの展開式を使った $rd \left[1 - (3/8)(r/L)^2\right] = L\lambda$ です．

134　付録

　ここではフィルム上の $r$ を測定していますが，実は $L$ を介して回折角 $\alpha = 2\theta$ を測定していることに注意してください．回折という手法は角度を測定して，試料に存在する間隔を決定する方法なのです．

　ここまでの考え方は，結晶中で 1 回ブラッグ反射を起こした波が，そのまま結晶外に出てくるという前提に基づいています（運動学的回折）．結晶が厚い場合は結晶上部で回折した波が下に伝わるとき再び回折を起こします（多重回折，動力学的回折）．この効果は単位胞より大きい構造の回折波への効果を表す先ほどのラウエ回折関数の部分を修正することで取り込むことができます．

　そのための理論でよく使われるのは，結晶中の電子のエネルギー状態を計算する方法と同じ「固有値法」と，結晶を 2 次元格子の積層と考える「マルチスライス法」です（図 5.9）．現在ではこのための計算ソフトが商用化されており，電子回折図形を弾性散乱の範囲なら，動力学的回折理論を使ってシュミレーションすることは容易にできます．

## A.4　電子波の伝播

　静電ポテンシャル $V(r)$ 中を伝播する電子波は次のような時間に依存するシュレディンガー方程式に従います．

$$i\hbar \frac{\partial \psi}{\partial t} = H\psi, \quad \text{ここで} \quad H = \frac{p^2}{2m} + \tilde{V} = -\frac{\hbar^2}{2m}\nabla^2 + (-e)V \qquad \text{(A4.1)}$$

このうち通常の透過電子顕微鏡理論で適用できる定常状態の解は，時間に依存しないシュレディンガー方程式で求めることができます．時間項を $\tilde{E} = \hbar\varpi$，$\psi = u(\boldsymbol{r})\exp\left(-i\tilde{E}t/\hbar\right) = u(\boldsymbol{r})\exp\left(-i\omega t\right)$ ように置くと

$$Hu(\boldsymbol{r}) = \tilde{E}u(\boldsymbol{r}) \qquad (\tilde{E} : \text{energy eigen-values}) \qquad \text{(A4.2)}$$

です．

　ここで $\tilde{E} = (-e) \times (-E)\,\text{(accelerating voltage)}^{4)}$，$\tilde{V} = (-e) \times V\text{(potential)}$ の対応関係に注意すると，

---

4) TEM の装置では電子銃のフィラメントにかける加速電圧を負にすることによって，全エネルギーを正にすることができます．

A.4 電子波の伝播 135

$$\frac{2m}{\hbar^2}\tilde{E} = \frac{2me}{\hbar^2}E = K^2, \quad \frac{2m}{\hbar^2}\tilde{V} = U \tag{A4.3}$$

となり，式 (A4.2) はヘルムホルツ型方程式になります．

$$\left[\nabla^2 + K^2 - U\right]u(\boldsymbol{r}) = 0 \tag{A4.4}$$

$k^2 = K^2 - U$ と置き換えると，

$$\left[\nabla^2 + k^2\right]u(\boldsymbol{r}) = 0 \tag{A4.5}$$

電子波もヘルムホルツ型方程式を満たすことが再確認されたわけです（3.1 節参照）．したがって電磁波による光学の理論と同じような表式を電子波についても使うことができ，スカラー波についてのキルヒホッフの式を導くことができます[5]．

すでに説明したように，電子波についても式 (A4.2) の解として以下のように平面波を仮定すると，

$$\psi = A\exp\left[i(\boldsymbol{k}\cdot\boldsymbol{r} - \omega t)\right] \tag{A4.6}$$

となり，波動の分散関係は以下のようになります．

$$\hbar\omega = \frac{\hbar^2}{2m}k^2 + \tilde{V} \tag{A4.7}$$

ここで，$k^2 = K^2 - U$ です．

真空中を伝播する電子波については $V(\boldsymbol{r}) = 0$ ですから，$\hbar\omega = \hbar^2 k^2/2m$ です．一方，真空を伝播する光の波の分散関係はよく知られているように $\omega = ck$ です[6],[7]．

以上の差を認識すれば，電子波の伝播は光の波と同様の表式で表すことができます．

$$u(x, y, z) = \frac{-i}{\lambda}\iint u(x_0, y_0)\frac{e^{ikr}}{r}dx_0 dy_0 \tag{A4.8}$$

---

[5] Jackson の "Classical electrodyanamics"（和訳，吉岡書店）1.10 節 を参照してください．

[6] Born & Wolf の光学 (1970)，付録 II を参照してください．

[7] 本書では，回折結晶学の慣習から波数を $1/\lambda$ で定義し，波動関数の記述は $\exp 2\pi i(kx - \nu t)$ の形式を統一的に使っています．この付録では量子力学や固体物理学の本との比較のために，$\exp i(kx - \omega t)$ の形を使ってみます．$k = 2\pi/\lambda$，$\omega = 2\pi\nu$ で，プランク定数は $2\pi$ で割った $\hbar = h/2\pi$ を使います．

この積分式はホイヘンスフレネルの式またはキルヒホッフの式とよばれます[8].

ここで，平方根について線型近似式を使い $1/r \sim 1/z$，と近似しますと

$$r = \sqrt{z^2 + (x-x_0)^2 + (y-y_0)^2} = z\left[1 + \left(\frac{x-x_0}{z}\right)^2 + \left(\frac{y-y_0}{z}\right)^2\right]^{\frac{1}{2}}$$
$$\simeq z + \frac{1}{2z}\left[(x-x_0)^2 + (y-y_0)^2\right] \tag{A4.9}$$

が得られます.

$$u(x,y) = \frac{-ie^{ikz}}{\lambda z}\iint u(x_0, y_0)\exp\left\{\frac{ik}{2z}\left[(x-x_0)^2 + (y-y_0)^2\right]\right\}dx_0 dy_0 \tag{A4.10}$$

この表式は，球面波を放物面波で近似したものに対応しています.

試料からある程度離れた波動場はこの積分式で表され，フレネル近似式とよばれます．フーリエ変換のコンボリューション定理を使えば，この表式は以下のように書き換えられます.

$$u(x,y) \otimes \exp\left[\frac{ik}{2z}\left(x^2 + y^2\right)\right] \tag{A4.11}$$

また式 (A4.10) の 1 次元表示を考えると，cosine と sine で作られるフレネル積分とよばれる 2 つの積分表式が得られます．TEM 像で試料の端に出るフレネル縞の強度変化は，このフレネル積分で解釈できます[8].

試料からさらに遠方の波動場の条件である，$z \gg (x_0^2 + y_0^2)_{\max}/(2z)$ が成立する場合は方程式 (A4.10) は 次式のようになります.

$$u(x,y) = \frac{-i\exp(ikz)\exp\left[\frac{ik}{2z}(x^2+y^2)\right]}{\lambda z}\iint u(x_0, y_0)\times\exp\left[\frac{-ik}{z}\left[(x_0 x) + (y_0 y)\right]\right]$$
$$dx_0 dy_0 \tag{A4.12}$$

この積分式を見ると，試料直後の波動場 $u(x_0, y_0)$. を 2 次元フーリエ変換したものが，遠方の波動場になっていることがわかります．この $u(x,y)$ をフラウンホーファー回折図形といいます[8].

---

[8] 第 1 章脚注 6) 参照.

## A.5  原子分解能 STEM の結像理論

　本文で説明しましたように，透過電子顕微鏡にとっての試料は静電ポテンシャルの 3 次元分布 $V(x, y, z)$ で表されます．ただし数 nm 以下の薄い試料を STEM で観察する場合の結像理論は 2 次元フーリエ変換を使って簡潔に記述することができます．ここではその理論を簡単に紹介しておきます（Cowley, 1988; 田中 2009）．

　薄い結晶に入射した電子の波は，吸収はされず位相のみ変化して反対側から出てくると考えることができます．これを表現するのが「位相格子」という概念で，次のように 2 次元関数 $q(x, y)$ で表されます．

$$q(x, y) = \exp[i\sigma V_p(x, y)] \qquad (A5.1)$$

すなわち試料による振幅変調はありません．ここで $V_p$ は投影ポテンシャルとよばれ，結晶の静電ポテンシャルを電子波の入射方向（厚さ方向）に投影したもので 2 次元の関数です．$\sigma$ は Cowley の相互作用定数といい，特殊相対性理論を考慮しなければ，$\pi/\lambda E$ です．

　この投影ポテンシャルが小さいときは，指数関数を展開して 1 次の近似式を使うことが許されます．これを電子顕微鏡学の分野では「弱い位相物体近似が成り立つ」といいます．

$$q(x, y) \sim 1 + i\sigma V_p(x, y) \qquad (A5.2)$$

　振幅 1 の平面波がこの位相格子に入射すれば，位相格子の下の波動場は次式のようになります．

$$\psi_s(x, y) = \exp[i\sigma V_p(x, y)] \sim 1 + i\sigma V_p(x, y). \qquad (A5.3)$$

　試料下の波動場が遠方に伝播したときの波動場はフラウンホーファー回折理論で求められますから，上記の $\psi_s(x, y)$ を 2 次元フーリエ変換したものになります．その変数を $(u, v)$ とすると，

$$\Psi(u, v) = \hat{F}[\psi_s(x, y)] \sim \delta(u) + i\sigma\hat{F}[V_p(x, y)] \qquad (A5.4)$$

です（付録 A.6 参照）．ここで $\hat{F}$ の記号は 2 次元フーリエ変換を表します．

STEM では試料下の遠く離れたところに小さい円板状（明視野 STEM 像用）と円環状（ADF-STEM 像用）の検出器が置かれています．すなわち STEM 検出器の上の電子線の強度は $\Psi(u, v)$ の 2 乗で求められます．

試料結晶に入射する電子線は，TEM のように平面波ではなく，原子レベルに収束した電子線プローブです．この電子プローブの表式はすでに 3.7.5 項で説明したように，収束用の対物レンズの瞳関数のフーリエ変換です．その波動関数を $\psi_0(x, y)$ と書くと，次式のようになります．

$$\psi_0(x, y) = \hat{F}\left[A(u, v)\exp\left(-i\chi(u, v)\right)\right] \equiv t(\boldsymbol{x}). \tag{A5.5}$$

ここで，$A(u, v)$ は対物レンズの大きさを示す絞り関数で，$\chi(u, v)$ はレンズの波面収差関数です．$\boldsymbol{x}$ は試料面上の 2 次元ベクトルです．

この入射波動関数を $t(\boldsymbol{x})$ とおくと，この電子プローブは走査によって場所 $\boldsymbol{R}$ の位置に動くので，止まった結晶 $q(x, y)$ にこの動くプローブ波動関数をかけたものが，試料から出てくる電子の波動関数になります．

$$\psi_s(\boldsymbol{x}) = t(\boldsymbol{x} - \boldsymbol{R}) \times q(\boldsymbol{x}). \tag{A5.6}$$

この $t(\boldsymbol{x})$ は入射プローブの点拡がり関数 (point spread function; PSF) ともよばれます．検出器上の波動関数は，式 (A5.6) をフーリエ変換したものですから，変数を逆空間表示の $\boldsymbol{u} = (u, v)$ に変えて次式のようになります．この波動関数を 2 乗したものが検出される電子線強度です．

$$I_D(\boldsymbol{u}) = |\Psi(\boldsymbol{u})|^2 = |Q(\boldsymbol{u}) \otimes [T(\boldsymbol{u})\exp\left(-2\pi i\boldsymbol{u}\cdot\boldsymbol{R}\right)]|^2 \tag{A5.7}$$

大文字の関数は上記の小文字の関数を 2 次元フーリエ変換したものに対応し，記号 $\otimes$ は 2 次元のコンボリューションを表します（付録 A.6 参照）

検出器の形状（円板か円環か）を関数 $D(\boldsymbol{u})$ で表すと，プローブが $\boldsymbol{R}$ に止まっているときの検出電子線強度は次式のようになります．

$$I(\boldsymbol{R}) = \int D(\boldsymbol{u}) |Q(\boldsymbol{u}) \otimes T(\boldsymbol{u})\exp\left(-2\pi i\boldsymbol{u}\cdot\boldsymbol{R}\right)|^2 d\boldsymbol{u}. \tag{A5.8}$$

もし明視野像を考える場合は，検出器は光軸上の小さな円板ですから，それ

をデルタ関数で近似して $D(\boldsymbol{u}) = \delta(\boldsymbol{u})$ とします. この小さな検出器に落ちる電子線強度は,

$$I(\boldsymbol{R}) = \left| \int Q(\boldsymbol{u}') T(\boldsymbol{u}') \exp(-2\pi i \boldsymbol{u}' \cdot \boldsymbol{R}) d\boldsymbol{u}' \right|^2 = |\mathbf{q}(\boldsymbol{R}) \otimes t(\boldsymbol{R})|^2 \quad \text{(A5.9)}$$

となります.

すでに述べたように, ポテンシャルが弱く, 「弱い位相物体近似」成り立つ場合には回折振幅は式 (A5.4) の $\psi(\boldsymbol{u}) = \delta(\boldsymbol{u}) + i\sigma F(\boldsymbol{u})$ であり, 強度は次式になります. ここで $\hat{F}[V_p(x,y)] = F(u,v)$ です.

$$I(\boldsymbol{u}) = |T(\boldsymbol{u})|^2 + \sigma^2 |F(\boldsymbol{u}) \otimes T(\boldsymbol{u}) \exp(-2\pi i \boldsymbol{u} \cdot \boldsymbol{R})|^2 \quad \text{(A5.10)}$$

一方, ADF-STEM の場合は, 検出強度は次式のようになります. ここで積分範囲は円環検出器の内角から外角ですが, 近似的に 0 から $\infty$ と考えます.

$$I(\boldsymbol{R}) = \sigma^2 \int |F(\boldsymbol{u}) \otimes T(\boldsymbol{u}) \exp(-2\pi i \boldsymbol{u} \cdot \boldsymbol{R})|^2 du \quad \text{(A5.11)}$$

「フーリエ変換で結ばれる 2 つの関数の 2 乗をそれぞれの全空間で積分したものは等しい」というパーセバルの公式を使うと (Tanaka, 2015),

$$I(\boldsymbol{R}) = \sigma^2 \int |V_p(\boldsymbol{x}) \cdot T(\boldsymbol{x} - \boldsymbol{R})|^2 d\boldsymbol{r}$$
$$= \sigma^2 V_p^2(\boldsymbol{R}) \otimes |t(\boldsymbol{R})|^2 \quad \text{(A5.12)}$$

となり, 投影ポテンシャル分布の 2 乗と入射電子プローブ関数の 2 乗をコンボリューション演算したものが暗視野 STEM 像になるという結果が導かれます.

ここで $t(\boldsymbol{R})$ 関数は複素数の関数ですが, その 2 乗は正の実数であり, これが投影ポテンシャルの 2 乗を少しぼかす働きをします. このためコントラストが白から黒に反転したりすることはなく, いわゆる「非干渉性の結像」が ADF-STEM 像では実現することになります. この特徴が, 暗視野 STEM 法が広く材料科学者に使われるようになった大きな原因なのです.

## A.6　フーリエ変換について

光学や結晶回折学を少し高いレベルで理解するのに 2 次元と 3 次元のフーリ

エ変換は重要な役割を果します．フーリエ変換は量子力学や固体物理学を理解する数学的道具としても大切なものです．この付録ではその入口のみを要約します．

## 1. フーリエ級数

電気信号のように時間とともに振幅が変わる波で，もし周期 $2\pi$ ごとに繰り返すような周期関数 $f(x)$ は，$n$ を正の整数として，

$$f(x) = a_0 + \sum_{n=1}^{\infty}(a_n \cos nx + b_n \sin nx) \tag{A6.1}$$

の三角関数の級数で書けて，その係数 $a_n$，$b_n$ は

$$a_n = \frac{1}{\pi}\int_{-\pi}^{\pi}f(x)\cos nx dx, \quad b_n = \frac{1}{\pi}\int_{-\pi}^{\pi}f(x)\sin nx dx \tag{A6.2}$$

で求められます．これをフーリエ級数展開といいます．

複素数のオイラーの定理を使って，$\cos nx$, $\sin nx$ を $e^{inx}$, $e^{-inx}$ で表すと

$$f(x) = c_0 + \sum_{n=1}^{\infty} c_n e^{inx} + k_n e^{-inx} \tag{A6.3}$$

と書き直せます．ここで $c_0 = a_0$, $c_n = (a_n - ib_n)/2$, $k_n = (a_n + ib_n)/2$ です．$k_n = c_{-n}$ と置き直すと

$$f(x) = \sum_{n=-\infty}^{\infty} c_n e^{inx}, \quad c_n = \frac{1}{2\pi}\int_{-\pi}^{\pi}f(x)\,e^{-inx}dx \tag{A6.4}$$
$$(n = 0,\ \pm 1,\ \pm 2)$$

となります．これを複素フーリエ級数といいます．周期が T（時間）のときは $t = (T/2\pi)x$ とおいて

$$f(t) = \sum_{-\infty}^{\infty} c_n e^{i\frac{2\pi n}{T}t}, \quad c_n = \frac{1}{T}\int_{-\frac{T}{2}}^{\frac{T}{2}}f(t)\,e^{-i\frac{2\pi n}{T}t}dt \tag{A6.5}$$

となります．

A.6　フーリエ変換について　　141

## 2. フーリエ積分（変換）

上のフーリエ級数の考え方を周期 T が無限大になったときまでに拡張すると
フーリエ積分（変換）の式が得られます.

$$f(x) = \frac{1}{\sqrt{2\pi}} \int_{-\infty}^{\infty} c(u)\, e^{iux} du, \quad c(u) = \frac{1}{\sqrt{2\pi}} \int_{-\infty}^{\infty} f(x)\, e^{-iux} dx \quad \text{(A6.6)}$$

積分の前の係数（規格化因子）は, 式 (A6.6) の最初の式に後の $c(u)$ の式を
入れて, $e^{iux} \times e^{-iu'x}$ を積分したものが $2\pi$ になるので, それを両方の式で打
ち消すように $\frac{1}{\sqrt{2\pi}}$ ずつ均等に割り振ったものです.

ここで指数関数の中を $\exp[2\pi iux]$ のように書けば, 前の係数はなくなり

$$f(x) = \int_{-\infty}^{\infty} c(u)e^{2\pi iux} du, \quad c(u) = \int_{-\infty}^{\infty} f(x)e^{-2\pi iux} dx \quad \text{(A6.7)}$$

となります. $c(u)$ は $f(x)$ のフーリエ変換とよばれます. 光学や回折結晶学の
教科書ではこの表現を用いることが多いです. 一方, 固体物理学の教科書では
$2\pi$ を波数（フーリエ成分）の方に組み入れた表式を使うので指数関数に $2\pi$ が
つきません.

## 3. 2次元, 3次元フーリエ変換

2次元または3次元空間中に関数 $f(x, y), g(x, y, z)$ があったときの2次元, 3
次元のフーリエ変換 $F(u, v), G(u, v, w)$ は各々次のようになります[9]. ここで
は式 (A5.7) の $c(u)$ を $F(u, v)$ などに変えました. これらの式はフーリエ分解
やフーリエ合成とよんでもよいものです.

$$\begin{cases} f(x, y) = \iint_{-\infty}^{+\infty} F(u, v) \exp[2\pi i(ux + vy)]\, du dv & \text{(A6.8)} \\[2em] F(u, v) = \iint_{-\infty}^{+\infty} f(x, y) \exp[-2\pi i(ux + vy)]\, dx dy & \text{(A6.9)} \end{cases}$$

---

[9] 波の表現である $\exp[2\pi i(kx - \nu t)]$ の $2\pi$ の前の符号と式 (A6.8) などのフーリエ変換
の指数関数の中の $2\pi$ の前の符号との関係については, Tanaka (2015) の付録を参照
してください.

$$\left\{ \begin{aligned} g(x,y,z) &= \iiint\limits_{-\infty}^{+\infty} G(u,v,w) \exp\left[2\pi i(ux+vy+wz)\right] du\,dv\,dw \quad (A6.10) \\ G(u,v,w) &= \iiint\limits_{-\infty}^{+\infty} g(x,y,z) \exp\left[-2\pi i(ux+vy+wz)\right] dx\,dy\,dz. \quad (A6.11) \end{aligned} \right.$$

4. フーリエ変換の性質

フーリエ変換には，変数についての対称性と演算についての線形性があります．本書では関数 $f(x)$ をフーリエ変換するという演算を $\hat{F}\{f(x)\}$ とかきます．

$$f(-x) \leftrightarrow F(-u) \quad (\hat{F}\{f(-x)\} = F(-u) \text{ の意味}) \tag{A6.12}$$

$$f^*(x) \leftrightarrow F^*(-u) \quad (^* \text{ は複素共役}) \tag{A6.13}$$

$$f(ax) \leftrightarrow \frac{1}{a}F(u/a) \tag{A6.14}$$

$$f(x) + g(x) \leftrightarrow F(u) + G(u) \tag{A6.15}$$

$$f(x-a) \leftrightarrow \exp\left(-2\pi i a u\right) F(u) \tag{A6.16}$$

$$\frac{d}{dx}f(x) \leftrightarrow 2\pi i u F(u) \tag{A6.17}$$

5. 関数の掛け算のフーリエ変換

$$\hat{F}\{f(x) \times g(x)\} = \hat{F}\{f(x)\} \otimes \hat{F}\{g(x)\} = F(u) \otimes G(u) \tag{A6.18}$$

が成り立ちます．$\otimes$ は畳み込み (convolution) 演算とよばれ，1 次元表示では次の積分式で定義されます．

$$F(u) \otimes G(u) = \int_{-\infty}^{+\infty} F(u-u')G(u')du' \tag{A6.19}$$

この逆も成り立ち

$$\hat{F}\{F(u) \times G(u)\} = f(x) \otimes g(x) \tag{A6.20}$$

となります．コンボルーション演算は回折結晶学にとって大事な概念なので，

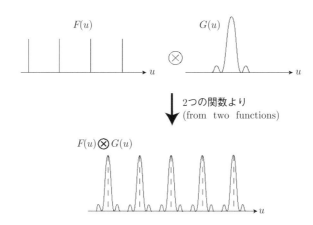

**図 A6.1** 1次元のコンボルーション演算の説明図.

図 A6.1 を利用して，まず1次元の場合について理解してください．

6. 種々のフーリエ変換と光学との関係

(i)  $\hat{F}\{\delta(x)\} = 1(u)$
（焦点にある点光源 $\delta(x)$ から出る光はレンズを通った後は一方向に進む平面波の $1(u)$ になる） (A6.21)

$\hat{F}(\delta(x-a)) = \exp(-2\pi i u a)$ （点光源が $a$ だけ横方向にずれた場合）
(A6.22)

(ii) $\hat{F}\{1(x)\} = \delta(u)$ (A6.23)
（平面波をフーリエ変換した回折図形は中心の斑点のみである）

(iii) $f(x) = \begin{cases} 0, & |x| > \dfrac{a}{2} \\ 1, & |x| \leq \dfrac{a}{2} \end{cases}$ のとき

$F(u) = (\sin \pi a u)/\pi u$ （幅 $a$ の1次元スリットの回折図形） (A6.24)

(iv)  $f(x) = \begin{cases} 0, & x > 0 \\ 1, & x < 0 \end{cases}$

$F(u) = \{1/(2\pi i u)\} + \dfrac{1}{2}\delta(u)$  (A6.25)

（結晶などの端面が回折図形に与える影響は，それに垂直に $1/(2\pi i u)$ の型のストリークを出すことである）

(v)  $f(x, y) = \begin{cases} 1, & |x|,\ |y| < a/2, b/2 \\ 0, & |x|,\ |y| > a/2 \end{cases}$

$F(u, v) = ab\dfrac{\sin(\pi a u)}{\pi a u}\dfrac{\sin(\pi b v)}{\pi b v}$  (A6.26)

（$a$ と $b$ 長方形の開口の回折図形）

(vi)  $f(x, y) = \begin{cases} 1, & (x^2 + y^2)^{1/2} < a/2 \\ 0, & 半径\ (a/2)\ の円外 \end{cases}$

$F(u, v) = \left(\dfrac{\pi a^2}{2}\right)\dfrac{J_1\left(\pi a\sqrt{u^2 + v^2}\right)}{\pi a\sqrt{u^2 + v^2}}$  (A6.27)

（丸孔の回折図形；エアリー回折図形）

このエアリー回折図形の強度は $|F|^2$. この回折図形を表す 1 次のベッセル関数の最初のゼロ点 ($\sqrt{u^2 + v^2} = 1.22/a$) で強度は暗くなります.

# 参考図書

STEM については，最近大学院用教科書として使える書籍が出版された.

1. N. Tanaka (ed), *"Scanning transmission electron microscopy for nanomaterials"* (Imperial College Press, London, 2015)

STEM を使った研究の専門書としては

2. S. J. Pennycook & P. Nellist (ed), *"Scanning transmission electron microscopy"* (Springer, New York, 2011)

STEM の概念を簡単に知るには，

3. R. J. Keyse, A. J. Garratt-Reed, P. J. Goodhew & G. W. Lorimer, *"Introduction to scanning transmission electron microscopy"* (Springer, New York, 1998)

日本語で STEM について体系的に書かれた最初の本は，

4. 田中信夫，「電子線ナノイメージング」（内田老鶴圃，2009）

その英語増補版である

5. N. Tanaka, *"Electron nano-imaging"* (Springer, Tokyo, 2017)

TEM について大学院レベルで総括的に学ぶためには

6. L. Reimer & H. Kohl, *"Transmission electron microscopy"* (Springer, 2010)

もう少しやさしい学部後期向け TEM の教科書は

7. D. B. Williams & B. Carter, *"Transmission electron microscopy"* (Springer, 2009)

日本語の TEM の教科書は

8. 上田良二，「電子顕微鏡」（共立出版，1982)

9. 今野豊彦，「物質からの回折と結像」（共立出版，東京，2003)

本書の多くの場所で触れたフーリエ変換と電子顕微鏡像の関係について詳述した本は

10. J. M. Cowley, "*Diffraction physics*" (North-Holland, 1984)

フーリエ変換について日本語で書かれた本は，

11. 小出昭一郎，「物理現象とフーリエ変換」（東京大学出版会，1981)

STEM の電子線プローブを使った電子エネルギー損失分光 (Electron energy loss spectroscopy; EELS) については

12. R. F. Egerton, "*Electron energy loss spectroscopy in the electron microscope*" (Plenum press, New York, 1996)

STEM や TEM の分解能を上げるための収差補正について詳細に学ぶためには，

13. R. Erni, "*Aberration corrected imaging in transmission electron microscopy*", (Imperial College Press, London, 2010)

収差補正電子顕微鏡法の専門書は

14. P. W. Hawkes (ed), "*Advances in imaging and electron physics*", Vol. 153 (Academic Press, 2008)

電子光学を含む光学全体の上級参考書は

15. M. Born and Wolf, E. "*Principles of optics*" (Pergamon Press, Oxford, 1970)

# 参考文献 (アルファベット順. 本文中の氏名と年号に対応)

Aharonov, Y. and Bohm, D. (1959), *Physical Review.*, 115, 485.

Ardenne, von, M.(1938), *Z. für Physik*, 109, 553.

Bery, M. (1971), *Journal of Physics.*, C4, 697.

Bethe, H. (1928), *Annal. Physik*, 87, 55.

Bethe, H. (1930), *Annal. Physik*, 5, 325.

Binnig, H. and Rohler, H. (1982), *Helvetica Physica Acta*, 55, 726.

Born, M. and Wolf, E. (1970), "*Principles of optics*" (Pergamon Press, Oxford)

Buban J. P. (2006), *Science*, 311, 212.

Busch, H. (1927), *Architecture Electrotechnology*, 18, 583.

Cowley, J. M. (1969) *Applied Physics Letters*, 15,58.

Cowley, J. M. (1988) in Buseck (ed.), "*High-resolution electron microscopy*", (Oxford University Press)

Cowley, J. M. (1993), *Ultramicroscopy*, 49, 4.

Cowley, J. M. and Moodie, A. F. (1957), Acta Cryst. A46, 202.

Crewe, A. V. et al. (1968), *J. Applied. Physics.*, 39, 5864.

Crewe, A. V. et al. (1970), *Proc. 7th International Congress on Electron Microscopy* (Grenoble), Vol. 1, pp. 467.

Davisson, C. J. and Germer, L. H. (1927), *Nature*, 119, 558.

De Broglie, L. (1923), *Nature*, 112, 540.

Eigler, D. K. and Schweizer, E. K.(1990), *Nature*, 344, 524.

Erni, R. (2010), "Aberration-corrected imaging in transmission electron microscopy", (Imperial college Press)

Everhart, T. E. (1958), Ph. D thesis of Cambridge University

Farnsworth, P. T. (1934), *J. Franklin Institute*, 218, 411.

Frank, J. (1992) "*Electron tomography*" (Plenum Press)

Furuya, K. (2008), *Sci. Technol. Adv. Mater.*, 9, 014110.

Goodman, J. (1968) , *"Fourier optics"* (McGraw-Hill, San Francisco)

Haider, M. et al. (1998), *Nature*, 392, 768.

Haider, M. (2008), *"Advances in imaging and electron physics"*, Vol. 153, pp. 43 (Academic Press)

Hashimoto, H. et al. (1971) *Jpn. J. Applied. Physics*, 10, 1115.

Hawkes, P. and Kasper, E. (1989), *"Principles of electron optics"* (Academic Press, London)

Hirsch, P. B. et al. (1977), *"Electron microscopy of thin crystals"* (Krieger, 1977)

Hopkins, H. H. and Barham, P. M. (1950), *Proc. Physical Society*, Section B, 63, 737.

一宮彪彦（2010），表面科学，1, 25.

Iijima, S. (1971), *J. Applied Physics*, 42, 5891.

Iijima, S.(1977), *Optik*, 48, 193.

*International Table for X-ray Crystallography* Vol.C (1992) (Kluwer Academic Publishers, Dordrecht)

Ishikawa, R. and Abe, E. (2011), *Nature Materials*, 10, 278.

Kambe, K. (1982), *Ultramicroscopy*, 10, 223.

Karl, J. and Hauptman, H. (1950), *Acta Crystallographica*, 3, 181.

Kikuchi, S. (1928), *Proc. Imp. Acad. Jap.*, 4, 271.

Kim, S. et al. (2010), *Applied Physics Express*, 3, 081301.

Kittel, C., (1968), *"Introduction to solid state physics"*, third ed. (John Wiley & Sons)

Kizuka, T. et al. (1997), *Philosophical Magazine Letter*, 76, 289.

Koike, K. and Hayakawa, K. (1984), *J. Applied Physics*, 23, L187.

Komota, T. (1964), *Optik*, 21, 93.

Konnert, J. and D'Antonio, P. (1986), *Ultramicroscopy*, 19, 267.

Krivanek, O. et al. (1999), *Ultramicroscopy*, 78, 1.

Krivanek, O. et al. (2015), *J. Microscopy*, 259, 165.

Kuwahara, M. et al. (2012), *Applied Physics Letters*, 101, 033102.

Lenz, F. (1954), *Z. Naturforsch.*, A9, 185.

Lentzen, M. (2008), *Microscopy and Microanalysis*, 14, 16.

Lindhard, J. (1954), *Dan. Vid. Selsk. Mat. Fys. Medd*, 28, No.8.

Marton, L. (1953), *Physical Review*, 90, 490.

McGrouther, D. et al. (2016), *New Journal of Physics*, 18, 095004.

McMorran, B. et al. (2011), *Science*, 331, 192.

McMullan, D. (1953), *Proc. IEE*, B100, 245.

Menter, J. W. (1956), *Proc. Royal Society*, A236, 119.

Mihama, M. and Tanaka, N. (1976), *J. Electron Microscopy*, 25, 65.

Miyata, T. and Mizoguchi, T. (2016), *AMTC Letters*, 5, 156.

Moellenstedt, G. and Duker, H. (1956), *Z. Physik*, 145, 377.

Morishita, S. et al., *Microscopy*, 67 (2018), 46.

Müller. E. W. (1957), *J. Applied Physics*, 28, 1..

中村勝吾（1985），「マイクロビームアナリシスハンドブック」丸勢編（朝倉書店）pp. 360.

Oatley, C. W. (1972), "*Scanning electron microscopy*" (Cambridge University Press)

Oshima, Y., et al. (2010), *J. Electron Microscopy*, 59, 457.

Okunishi, E. et al. (2009), *Proc. Microscopy and Microanalysis*, suppl. 164.

Pennycook, S. J. and Jesson, D. E. (1992), *Acta Metall. Mater.*, 40, suppl., S149.

Phillips, P. J. (2012), *Ultramicroscopy*, 116, 47.

Rez, P. et al. (2016), *Nature Communications*, DOI:101038/ncomms 10945.

Rodenburg, J. M. et al. (1992), *Philosophical Transactions of the Royal Society London*, A339, 521.

Rose, A. (1948) "*Advances in electronics*", ed. by Marton, L. (Academic Press)

Rose, H. (1974), *Optik*, 39, 416.

Rossouw, C. J. et al. (1996), *Ultramicroscopy*, 66, 193.

Ruska E. and Knoll, M. (1931), *Z. für Technishe Physik*, 12, 389.

Ryll, H. et al. (2016), *J. Inst.*, doi;10.1088/1748-0221/11/04/P04006.

Sawada, H. et al. (2014), *Microscopy and Microanalysis*, 20, 124.

Scherzer, O. (1936), *Z. Physik*, 101, 593.

Scherzer, O. (1947), *Optik*, 2, 114.

Scherzer, O. (1949), *J. Applied Physics*, 20, 20.

関ら（2017），顕微鏡，52, 8.

Shibata, N. et al. (2012), *Nature Physics.*, 8, 611.

Suenaga, K. et al. (2000), *Science*, 290, 2280.

高柳健次郎（1926），*Wikipedia.*

Tanaka, N. et al. (1998), *Interface Science*, 4, 181.

Terauchi, M. et al. (2012), *J. Electron Microscopy*, 61, 1.

Thomson, G. P. (1928), *Proc. Royal Society. London*, 117, 600.

Tonomura, A. (1989), *American J. Physics*, 57, 283.

Ueda, N. et al. (1970), *Proc. 7th International Congress on Electron Microscopy* (Grenoble), pp. 23.

上田ら（1982）「電子顕微鏡」（共立出版）

Uchida, M. and Tonomura, A. (2010), *Nature*, 464, 737.

Van Dyck, D. (1980), *Journal of Microscopy*, 119, 141.

Watanabe, K. (2004), *Physical Review*, B64, 115432.

Whelan, M. J. et al. (1957), *Proc. Royal Society.* A240, 524.

Wiechert, E. (1899) *Wiedemanns Annalen*, 69, 739.

Wiesendanger, R. (1994), "*Scanning probe microscopy and spectroscopy*" (Cambridge University Press)

Yada, K. et al. (1968), *J. Electron Microscoppy*, 18, 266.

Yamasaki, J. and Tanaka, N. (2007), *Proc. Microscopy and Microanal.* 1186CD.

Zeitler, E. and Thomson, M. G. R. (1970), *Optik*, 31, 258.

Zernike, F. (1935), *Z. für Technische Physik*, 16, 454.

Zhu, Y. et al. (2009), *Nature Materials*, 8, 808.

Zworykin, V. K. et al. (1942), *ASTM Bull.*, 117, 15.

Zworykin, V. K. et al. (1945), "*Electron optics and electron microscope*", (John Wiley & Sons, New York)

# 用語索引

## ■ 英数字 ▶

| | |
|---|---|
| α 線の散乱実験 | 13 |
| λ/4 波長板 | 46 |
| 12 極子補正装置 | 121 |
| 1 次元スリット | 143 |
| 1 次の収差 | 45 |
| 2 次元フーリエ変換 | 88 |
| 2 次元フーリエ変換図形 | 115 |
| 2 次元ベッセル関数 | 59 |
| 2 次散乱電子線 | 119 |
| 2 次電子 | 95 |
| 2 次波 | 15 |
| 2 波干渉実験 | 69 |
| 3 次元顕微鏡 | 35 |
| 3 次元構造 | 18 |
| 3 次元構造解析 | 1 |
| 3 次元構造情報 | 98 |
| 3 次元造形法 | 98 |
| 3 次元トモグラフィー | 102 |
| 4 極子 | 121 |
| 5 次の収差 | 121 |
| 6 極子収差補正装置 | 121 |
| 6 極子補正器 | 121 |
| 7×7 超周期構造 | 22 |
| 7×7 倍構造 | 4 |
| 8 極子 | 121 |

| | |
|---|---|
| annular bright field (ABF)-STEM | 30 |
| annular dark field; ADF | 23 |
| atomic force microscope; AFM | 23 |
| $BaTiO_3$ 結晶 | 33 |
| bright-field image | 20 |
| cathode ray tube: CRT | 61 |
| CERN | 5 |

| | |
|---|---|
| Cowley の相互作用定数 | 83 |
| dark-field image | 20 |
| DAS 構造 | 4 |
| differential phase contrast method; DPC | 32 |
| dynamic TEM; DTEM | 37 |
| EDX | 32 |
| EDX 検出器 | 102 |
| EELS | 32 |
| EELS 測定技術 | 93 |
| electron energy loss spectroscopy (EELS) | 31 |
| electron probe micro analyzer (EPMA) | 52 |
| FeGe 合金 | 33, 97 |
| field emission gun; FEG | 56 |
| field ion microscope; FIM | 3 |
| IBM チューリッヒ研究所 | 127 |
| International Table | 130 |
| Larmor 回転運動 | 41, 67 |
| Larmor 振動数 | 42 |
| $LiVO_4$ 結晶 | 30 |
| low-angle ADF (LAADF) STEM 法 | 92 |
| microscopy | 18 |
| MKSA | 9 |
| Mott の式 | 130 |
| nanoscopy | 18 |
| PbTe/MgO | 77 |
| pixel | 50 |
| projection transformation | 35 |
| Rose の提案 | 120 |
| s-wave theory | 91 |
| scanning tunneling microscope; STM | 21 |

用語索引

Scherzer の論文 ················· 114
Scherzer 理論 ··················· 106
SI 単位系 ··························· 9
$SrTiO_3$ ··························· 32
STEM ············· 3, 5, 21, 23, 127
STEM-EELS 法 ················· 123
STEM 専用型 ···················· 105
STM ······························ 127
structure image ················· 47
TEM ····················· 3, 4, 44
TEM 併用型 ······················ 105
Vacuum Generator (VG) ········· 105
wave dispersive spectrometer; WDS
95
Wentzel ポテンシャル ······ 24, 25, 74
X 線 ······························ 16
X 線回折 ························· 75
X 線回折学 ······················ 11
X 線回折の位相問題 ·············· 96
X 線回折の直接法 ················ 96
X 線の回折実験 ·················· 68
X 線の原子散乱因子 ·············· 130
X 線半導体検出器 ················ 95
X 線マイクロアナライザー ········· 95
$YH_2$ 結晶 ······················ 30
$Z^2$-コントラスト ··············· 28, 123
Zeeman エネルギー ··············· 124
$Z$-コントラスト像 ··············· 24, 105

## あ

アッベの式 ················· 40, 118
アッベの分解能限界 ·············· 113
アリゾナ州立大学 ··············· 47, 87
アルミナ ($Al_2O_3$) 単結晶 ········· 30
暗視野像 ····················· 20, 46
アンチモン (Sb) 原子 ·············· 28
アンペールの法則 ················ 10
イオン液体 ······················ 26
イオン化エネルギー ··············· 25
イオン結晶 ····················· 128
位相 ····························· 39
位相格子 ···················· 19, 137
位相格子近似 ····················· 91

位相コントラスト像 ············ 46, 89
位相コントラスト法 ··············· 45
位相差光学顕微鏡 ················ 45
位相ずれ ····················· 39, 123
位相物体 ························· 85
位相変調 ················ 16, 19, 39, 45
位相変調関数 ····················· 81
位相変調作用 ····················· 19
位相変調フィルター ··············· 39
位相問題 ························· 130
位置座標 ························· 129
一電子の散乱問題 ················ 73
色収差 ··························· 54
陰極 ····························· 1
陰極線オシログラフ ··············· 41
陰極線管 ························· 61
インフルエンザウイルス ············ 7
ウィークビーム法 ················· 107
ウイルス ······················ 6, 44
薄肉凸レンズの公式 ··············· 38
薄肉レンズの近似 ················ 43
薄肉レンズの公式 ········· 39, 53, 118
打ち切り誤差 ···················· 112
ウラニルイオン ($UO_2$) ········· 23, 95
ウラニル化合物 ·················· 20
運動学的回折 ···················· 134
運動学的 (kinematical) 回折理論·· 74,
102
雲母 ····························· 69
エアリー回折図形 ······ 59, 80, 81, 144
エアリーディスク ·············· 112, 113
液晶パネル ······················· 7
エネルギー ······················ 16
エネルギー損失電子 ··············· 31
エネルギー分析器 ········· 6, 20, 31
エワルド球 ···················· 17, 133
エワルドの方法 ·················· 133
円環状検出暗視野 ················ 23
円環状検出器 ··············· 61, 87
円環状検出明視野 (annular bright
field ; ABF)-STEM 法 ··········· 92
遠近法の原理 ···················· 79
円形電流 ························· 41
円電流 ·························· 67

| | |
|---|---|
| 遠方の波動場 ························· 136 | 球面収差 ··············45, 54, 66, 111 |
| オイラーの定理 ····················· 140 | 球面波 ···················11, 15, 136 |
| オシロスコープ ····················41, 57 | 境界条件 ···························· 74 |
| | 共焦点レーザー光学顕微鏡 ·········· 98 |
| **か** | 強度分布関数 ························ 35 |
| | 強励磁対物レンズ ···············105, 106 |
| ガイスラー放電管 ····················· 64 | 局所電場 ···························· 97 |
| 回折 (diffraction)·············· 11, 16, 68 | 極投影 ···························· 133 |
| 回折環 ···························· 133 | キルヒホッフの式 ···············135, 136 |
| 回折結晶学 ························ 135 | 近軸近似 ···························· 42 |
| 回折限界 (diffraction limit) ·········· 39 | 近軸光線 ··························· 112 |
| 回折格子 ······················ 16, 68 | 近軸条件 ···························· 36 |
| 回折収差 (diffraction error)·· 54, 111, 112 | 近接場光 ···························· 40 |
| 回折振幅 ·························· 139 | 金属/真空ギャップ/金属 ············ 127 |
| 回折図形 (diffraction pattern)······· 75 | 金属/絶縁体/金属 ·················· 127 |
| 回折波 ···························· 75 | 金属の転位 ························· 44 |
| 回折斑点 ···························· 75 | 金太郎飴 ···························· 99 |
| 回折理論 ···························· 18 | 空間干渉性 ························· 65 |
| 回転 ······························ 10 | 空間群 ···························· 17 |
| ガウス単位系 ························· 9 | 空孔 ······························ 28 |
| 角運動量量子数 ····················· 124 | 空洞円錐照明暗視野 TEM 像 ········ 90 |
| 拡散型偏微分方程式 ··················· 37 | クーロンポテンシャル ··········· 15, 18 |
| 角度座標 ·························· 129 | クーロン力 ·············· 13, 57, 97 |
| 角度変数 ···························· 60 | 屈折 (refraction)················· 11 |
| 重ね合わせの原理 ····················· 74 | 屈折角 ···························· 38 |
| 可視化 ···························· 18 | 屈折の式 ···························· 19 |
| 画素 (pixel) ························· 50 | 屈折率 ···························· 19 |
| 加速器リング ························· 5 | クライオ電子顕微鏡 ··················· 1 |
| 加速電圧 ······················ 15, 19 | グラファイト ············22, 46, 106 |
| 画素サイズ ························· 119 | クロスオーバー ····················· 105 |
| カメラ定数 (camera length) ········· 75 | 計算機トモグラフィー ··············· 101 |
| 干渉 ······························ 68 | 傾斜照明暗視野 TEM 像 ············· 89 |
| 機械式走査装置 ····················· 50 | 形状因子 ·························· 133 |
| 幾何学距離 ························· 39 | 結晶構造因子 ······················ 131 |
| 幾何学断面積 ························· 14 | 結晶の格子面 ························ 44 |
| 幾何光学 ······················ 38, 67 | 結像 (image formation) ············· 36 |
| 幾何光学的軌道 ····················· 41 | 結像過程 ···························· 36 |
| 幾何光学理論 ··················· 54, 112 | 結像理論 ···························· 35 |
| キセノン原子 ························· 108 | 原子核 ······················ 13, 14 |
| 輝度 ·························· 54, 55 | 原子間力顕微鏡 (atomic force microscope, AFM) ···················128 |
| 軌道角運動量 ························· 63 | 原子間力走査顕微鏡 ··················23 |
| 吸収 ······························ 2 | 原子クラスター ··············· 29, 119 |
| 吸収係数 ······················ 99, 101 | 原子構造 ··························· 13 |

原子コラム ································ 122
原子コラム像 ····························· 87
原子コラム配列 ·························· 47
原子散乱因子 (atomic scattering
　factor) ······················· 16, 74, 130
原子配列の構造解析 ················· 128
原子配列の対称性 ······················ 17
原子番号 ································· 24
原子モデル ··························· 1, 68
検出器 ····································· 6
原子列（コラム） ······················· 3
元素分析 ································ 95
元素分布 STEM 像 ······················ 93
顕微鏡 (microscope) ····················· 9
顕微鏡法 (microscopy) ·················· 18
ケンブリッジ大学 ······················ 87
ケンブリッジ大学キャベンディシュ
　研究所 ································· 1
高エネルギー分解能 EDX ·············· 95
光学距離 ································ 39
光学顕微鏡 ·························· 8, 35
光学顕微鏡の照明の干渉性 ············ 40
高角度弾性散乱電子 ·················· 105
光源面 ·································· 88
格子像 ······························ 78, 89
格子像法 ······························ 123
後焦点 ·································· 38
構造像 ······························ 47, 123
光速 ···································· 10
高速電子 ································ 17
高速フーリエ変換 (FFT) アルゴリズ
　ム ··································· 81
剛体球 ·································· 14
光電効果 ································ 13
光電子 ·································· 37
光電子増倍管 ·························· 119
光電面 ·································· 50
固体物理学 ···························· 135
固有値法 ···························· 74, 134
コラム近似法 ·························· 91
孤立単原子 ···························· 78
コンデンサレンズ ······················· 8
コンボリューション定理 ·············· 136
コンボリューション演算 ·············· 143

## ■さ▶

細菌 ··································· 6, 9
最適フォーカス ························ 115
酸化亜鉛 ································ 50
三角関数 ······························ 140
酸化チタン ($TiO_2$) ················· 102
酸化ベリリウム (BeO) ················· 46
酸化マグネシウム (MgO) ·············· 107
散乱 ·································· 2, 13
散乱角度 ································· 5
散乱強度 ································ 18
散乱強度分布 ·························· 13
散乱断面積 ···························· 123
散乱電子 ···························· 15, 119
散乱波の振幅 ·························· 130
シカゴ大学 ···························· 20
磁化ベクトル図 ························ 79
時間因子 ································ 37
磁気抵抗効果 ·························· 109
軸対称の静磁場 ························ 112
軸チャネリング ························ 91
始状態 ·································· 93
磁性体表面 ···························· 64
実空間可視化 ·························· 18
実空間の動力学的回折理論 ············ 91
磁場ベクトル ···················· 10, 36, 57
磁場ベクトル分布 ······················ 33
射影変換 ································ 35
写真フイルム ·························· 49
写像過程 ································ 36
シャド–イメージ ······················ 116
遮蔽効果 ································ 24
自由空間中の定常状態を表すシュレ
　ディンガー方程式 ····················· 12
重原子置換法 ·························· 97
収差 (aberration) ······················· 53
収差関数 ································ 45
終状態 ·································· 93
収束 (convergence) ····················· 11
収束電子回折 (convergent beam
　electron diffraction; CBED) ······ 75
収束電子回折図形 ··················· 75, 84
収束電子線 ···························· 74

| | |
|---|---|
| 収束プローブ ····················· 84 | 絶縁体 ·························· 128 |
| ジュール (Joule) ················ 21 | 接眼レンズ ·························· 8 |
| シュレディンガー方程式 ·· 15, 36, 129 | 赤血球 ···························· 39 |
| 重金属原子 ······················ 45 | 全吸収係数 ······················ 100 |
| 小角度弾性散乱 ················· 105 | 線型近似式 ················· 100, 136 |
| 蒸着炭素膜 ······················ 44 | 線形性 ·························· 142 |
| 焦点距離の公式 ················· 43 | 全散乱断面積 ···················· 25 |
| 焦点はずれ ······················ 45 | 線積分 ·························· 100 |
| 焦点ゆらぎ幅 (defocus spread) ···· 117 | 線積分吸収係数 ················· 100 |
| 触媒単原子 ····················· 106 | 相互作用定数 ···················· 137 |
| 触媒微粒子 ······················ 44 | 走査コイル ······················ 105 |
| 植物の微細構造 ··················· 9 | 走査線 ·························· 119 |
| シリコン (111) 清浄表面 ········· 4, 22 | 走査電子顕微鏡 (scanning electron |
| シリコン単結晶 ··················· 75 | microscope; SEM) ······· 53, 62, 118 |
| シリコンドリフト型 X 線検出器 ··· 32 | 走査透過電子顕微鏡 (scanning |
| 試料 ····························· 8 | transmission electron microscope; |
| 試料ホルダー装置 ················ 44 | STEM) 5, 6, 23, 50, 53, 68, 73, 75, |
| 真空管 ··························· 19 | 118 |
| 真空の誘電率 ··················· 128 | 走査トンネル顕微鏡 (scanning |
| 真空放電現象 ···················· 13 | tunneling microscope; STM) 4, 18, |
| 伸縮モード ······················ 94 | 21, 127 |
| 振動数 ··························· 11 | 走査プローブ顕微鏡 ················ 1 |
| 振幅コントラスト法 ··············· 45 | 走査法 ·························· 118 |
| 振幅の足し算 ··················· 114 | 相対論補正項 ····················· 66 |
| 振幅分割 ························· 69 | 相反性 (reciprocity) ·············· 88 |
| 振幅変調 ····················· 16, 123 | 相反定理 ················· 89, 107, 111 |
| 水素原子コラム ··················· 30 | 像面 ··························· 88 |
| スーパーセル ···················· 81 | 素電荷 ···························· 1 |
| スカラー波 ····················· 135 | 素粒子 ······················· 5, 14, 63 |
| スキャナー ······················ 50 | 素粒子物理学 ····················· 63 |
| スキルミオン ···················· 97 | |
| スクリーン ························ 8 | **た** |
| ステラジアン (sr) ················ 14 | 第 1 アノード電圧 ················ 105 |
| ステレオ投影図 ··················· 133 | 第 2 アノード電極 ················ 105 |
| スピン角運動量 ··················· 63 | タイコグラフィー (ptychography) 97 |
| スピン量子数 ··················· 125 | 対物レンズ ···················· 8, 66 |
| スライスの間隔 ··················· 84 | 対物レンズの瞳関数 ··············· 138 |
| 精子 ···························· 39 | 多重回折 ························ 134 |
| 正電荷イオン ···················· 73 | 多体問題 ························· 73 |
| 静電気学 ························· 67 | 畳み込み演算 (convolution) ··· 83, 142 |
| 静電ポテンシャル ········· 18, 24, 123 | 単玉レンズ ······················ 60 |
| 静電ポテンシャル分布 ············· 37 | タングステンカルボニルガス ······ 107 |
| 積層欠陥 ························ 107 | タングステン原子 ·················· 3 |
| 積分方程式 ······················ 15 | |

タングステン線 ……………………65
単結晶の晶帯軸 …………………79
単原子膜 …………………………106
単位胞 ……………………………17
単色化 ……………………………93
弾性散乱電子 ……………………103
弾性散乱の特性角 ………………25
単層の炭素ナノチューブ ………21
炭素ナノチューブ ………31, 123, 132
蛋白質 ……………………………1
逐次近似法 ………………………15
チタン酸ストロンチウム (SrTiO₃) 95
窒化ホウ素 (BN) ……………28, 106
窒化ガリウム (GaN) ……………122
チャネリング効果 ………………90
チャネリング理論 ………………28
中間レンズ ………………………111
直截的な像解釈 …………………93
低速反射電子回折装置 …………68
デオキシリボ核酸 (DNA) ………1, 20
デジタル液晶パネル ……………61
デバイリング ……………………133
デフォーカス ……………………45
デフォーカス量 …………………54
デルタ関数 ………………………139
転位 ………………………………107
電荷 ………………………………24
電界イオン顕微鏡 (field ion
    microscope ; FIM) …………3, 19
電解研磨 …………………………19
電界放射型電子銃 (field emission
    gun; FEG) ……………………56, 60
添加不純物 ………………………28
電荷密度 …………………………10, 19
電気信号 …………………………140
点光源 ……………………………38, 143
電子 ………………………………1, 28
電子回折装置 ……………………67, 128
電子検出器 ………………………78
電子源の輝度 ……………………65
電子顕微鏡 ………………1, 11, 35, 67
電子構造 …………………………8
電子銃 ……………………………6
電子線チャネリング現象 ………124

電子線チャネリング理論 ………87
電子線トモグラフィー …………102
電子線の散乱 ……………………128
電子線版ヤングの干渉縞の実験 ……71
電子線ホログラフィー …………69
電子の軌道 ………………………41
電子の質量 ………………………1
電子の筆 …………………………57
電子波 ……………………………66
電磁波 ……………………………11
電子ビーム ………………………8
電子ボルト (eV) …………………21
伝導電子 …………………………73
電場ベクトル ……………10, 36, 57
点拡がり関数 (point spread function;
    PSF) …………………………59, 138
点分解能 …………………………111
電流制御用ゲート ………………7
電流密度ベクトル ………………10
投影情報 …………………………102
投影断面定理 ……………………103
投影ポテンシャル ………………83
投影レンズ ………………………111
透過電子回折の実験 ……………43
透過電子顕微鏡 (transmission
    electron microscope) ‥3, 4, 18, 112
透過波 ……………………………123
同期 ………………………………50
透磁率 ……………………………10
動的透過電子顕微鏡 ……………37
等比級数の和の公式 ……………133
銅フタロシアニン ………………47
動力学的回折現象 ………………124
動力学的回折 ……………………134
動力学的 (dynamical) 回折理論 ‥28,
    74, 76, 91
倒立像 ……………………………118
ドーナツ型検出器 ……24, 78, 80, 84
特殊相対性理論 …………………42, 66
特殊相対論効果 …………………19
凸レンズ …………………………11
トモグラフィー観察技術 ………35
トモグラフィー像 ………………102
トランジスタ ……………………7

| | | |
|---|---|---|
| トンネル効果 | 22, 127 | |
| トンネル電流 | 22, 127 | |

## な

| | |
|---|---|
| ナイオビウム酸化物 | 47 |
| 名古屋大学 | 63 |
| ナノイメージング | 23 |
| ナノ加工 | 23 |
| ナノファブリケーション | 23 |
| ナノプローブ電子線 | 107 |
| ナノワイヤ | 107 |
| 波の伝播 | 118 |
| 波の描像 | 70 |
| 二重性 (duality) | 70 |
| ニッケル単結晶 | 68 |
| ニッケル薄膜 | 79 |
| 入射 X 線 | 99 |
| 入射電子プローブ | 111 |
| 入射プローブの波動関数 | 74 |
| ニュートンの運動方程式 | 41 |
| ニュートン力学 | 13 |
| 二硫化モリブデン ($MoS_2$) | 124 |
| 熱散漫散乱 (themal diffuse scattering; TDS) | 85 |
| 熱電子銃 (thermionic gun) | 65 |
| 燃料電池用炭素電極 | 25 |

## は

| | |
|---|---|
| パーセバルの公式 | 139 |
| ハードディスク | 109 |
| 白金原子クラスター | 26 |
| 白金フタロシアニン | 47 |
| 波数 | 11, 16 |
| 波数空間 | 81 |
| 波数格子点 | 81 |
| 波数ベクトル | 16, 129 |
| 波束 (wave packet) | 15, 70 |
| 波長分散型検出器 | 95 |
| 発散 | 10 |
| 波動関数 | 15 |
| 波動光学理論 | 54 |

| | |
|---|---|
| 波動方程式 | 10, 11 |
| バトラー型静電レンズ | 105 |
| 波面収差関数 | 60, 81 |
| 波面分割型バイプリズム | 69 |
| パルスレーザー励起 | 37 |
| 半導体微細加工技術 (MEMS) | 26 |
| 半導体メモリ | 109 |
| バンド構造 | 95, 128 |
| ピエゾ圧電素子 | 5, 22 |
| ピエゾ駆動走査系 | 128 |
| ビオサバールの法則 | 68 |
| 光の波長 | 7 |
| 光放射スペクトル | 68 |
| 非干渉条件での像強度 | 61 |
| 非干渉性の結像 | 139 |
| ピクセル電子検出器 | 97 |
| 微小観察装置 | 63 |
| 非晶質炭素薄膜 | 25 |
| 非晶質膜 | 117 |
| 微小電子回折 | 87 |
| 非弾性散乱 | 107, 116 |
| 非弾性散乱電子 | 93, 105 |
| 比電荷 | 1 |
| 非点収差 | 115 |
| 瞳関数 | 59, 74, 79 |
| 微分位相コントラスト法 (differential phase contrast; DPC) | 32, 97 |
| 微分散乱断面積 | 14, 24 |
| ファクシミリ | 50 |
| ファラデーの電磁誘導の法則 | 10 |
| フィードバック回路 | 128 |
| フーリエ級数展開 | 140 |
| フーリエ光学 | 60 |
| フーリエ再合成 | 112 |
| フーリエ積分 | 141 |
| フーリエ変換 | 11, 16, 59 |
| フーリエ変換の投影定理 | 100 |
| フォーカス条件 | 47 |
| 不活性ガスイオン | 19 |
| 複素フーリエ級数 | 140 |
| 不純物原子 | 4 |
| 物質波 | 15, 66 |
| 物理測定技術 | 14 |
| 部分波の方法 | 15 |

ブラウン管 ·············· 57, 61
フラウンホーファー回折 ··········· 18
フラウンホーファー回折図形 ······ 136
フラウンホーファー回折理論 ······ 137
ブラッグ回折 ················· 75
ブラッグ回折波 ················ 123
ブラッグの公式 ·········· 75, 133
ブラッグ反射モード ············· 68
プランク定数 ············· 16, 37
フレネル回折 ················· 83
フレネル縞 ···············115, 136
フレネル積分 ················ 136
フレネル伝播関数 ·············· 83
プローブ径 ················· 119
プローブ走査結像法 ············· 51
プローブ電流 ················ 54
プローブの滞在時間 ············· 55
ブロッホ定理 ················ 73
分割型（ピクセル）検出器 ········· 79
分散関係 ·················· 135
分子集合体 ·················· 1
平均内部ポテンシャル ··········· 123
平面波 ············ 10, 11, 15
並進運動量 ················· 63
べき級数 ··················· 112
ベッセル関数 ········· 12, 113, 144
ヘルムホルツ型方程式 ········ 37, 135
ベルリン工科大学 ·············· 43
変換効率 ··················· 119
偏極 ····················· 125
変数分離法 ················· 12
ポアソン方程式 ··············· 131
ホイヘンスフレネルの式 ········· 136
望遠鏡 (telescope) ·········9, 35
ホウ化ランタン (LaB$_6$) ········ 65
放射 ······················ 2
放射スペクトル ················· 2
ホウ素 ··················· 123
放電管 ····················· 1
放物面波 ·················· 136
ボーアの原子モデル ············· 2
ボーア半径 ············· 24, 25
ポールピース ················· 115
ボケ (blur) ················· 53

ボケの量 ·················· 112
ボケを表す強度関数 ············· 113
星型コントラスト ·············· 117
ボルン近似 ············· 15, 24
ホログラフィー TEM 法 ·········· 124

■ ま ▶

マイケルソン干渉計 ············· 69
マクスウェル方程式 ········ 9, 19, 36
摩擦電気 ··················· 67
マルチスライス動力学的回折理論 · 83
マルチスライス法 ······74, 76, 134
ミラー指数 ················· 131
ムラムラ像 ················· 115
明視野像 ·············· 20, 46
面チャネリング ··············· 91

■ や ▶

有機物結晶 ················· 93
誘電率 ················ 10, 24
油浸 ····················· 113
横波 ······················ 11
弱い位相物体近似 ···········137, 139

■ ら ▶

ラウエ回折関数 ············102, 133
ラザフォードの散乱実験 ·········· 16
ラジアン (rad) ················ 14
ラジオ電波 ················· 49
らせん波 (vortex wave) ········ 12, 124
ラドン変換 ·············· 99, 101
硫化物単結晶 ················ 68
粒子的描像 ················· 70
粒状性像 ·················· 115
量子ドット ················· 132
量子力学 ············15, 36, 135
ルジャンドル級数 ·············· 15
冷陰極電界放射電子銃 (cold field emission gun; c-FEG) ·······65, 105
レーザー走査蛍光顕微鏡 ·········· 40

レーザー走査顕微鏡 ...................... 40
レーリー (Rayleigh) 条件 ............ 113
レーリーの分解能 ...................... 120
レンズ結像法 .............................. 51
レンズ伝達関数 (lens transfer
   function) .............................. 39
レンズ取り込み角 ...................... 115
レンズ法 .................................. 118
ローゼ (Rose) の不等式 ......... 56, 119
ローレンツ STEM 法 ........... 98, 124
ローレンツ TEM 法 .................. 124
ローレンツ力 .................. 57, 67, 97
ロッキング (rocking) 走査 ........... 58
ロンキ図形 (Ronchigram) .......... 116

## わ

ワクチン ....................................... 7

# 人名索引

Abbe ·········· 40
Aharonov and Bohm ·········· 124
Ardenne ·········· 50, 51
Berry ·········· 91
Bethe ·········· 74, 91
Binnig & Rohler ·········· 4, 127
Bohr ·········· 1, 68
Brown ·········· 87
Busch ·········· 38, 41, 68
Cowley ·········· 87, 107, 137
Cowley-Moodie ·········· 74, 83
Crewe··20, 23, 25, 28, 48, 87, 91, 105
Davisson & Germer ·········· 43, 66, 68
de Broglie ··········15, 43, 66, 68
Everhart ·········· 56
Farnsworth ·········· 49
Frank ·········· 101
Galilei ·········· 9
Goodman ·········· 60
Haider ··········120, 121
Hashimoto ·········· 46
Hell ·········· 40
Hertz ·········· 11
Hirsch ·········· 91
Hooke ·········· 9, 39
Hopkins ·········· 40
Howie ·········· 87
Jassen ·········· 9, 39
Kambe ·········· 91
Karle & Hauptman ·········· 96
Kikuchi ·········· 69
Komota ·········· 47
Konnert ·········· 97
Krivanek ·········· 28, 121
Larmor ·········· 41, 42

Laue ·········· 16, 68
Leauwenhoeck ·········· 9, 39, 40
Lenz ·········· 25
Lindhard ·········· 91
Lippershey ·········· 9
Marton ·········· 69
Maxwell ·········· 9
McMorran ·········· 12, 124
McMullan ·········· 52
Menter ·········· 45, 47
Millikan ·········· 1, 67
Möllenstedt ·········· 69
Mott ·········· 130
Müller ·········· 3
Nagaoka ·········· 2
Oatley ·········· 52
Pennycook ··········26, 30, 87, 91
Planck ·········· 68
Quate ·········· 128
Rayleigh ·········· 40, 113
Reimer ·········· 25
Rodenburg ·········· 97
Rose, A ·········· 56
Rose, H ·········· 120
Rossouw ·········· 91
Ruska ·········· 8, 43, 44
Rutherford ·········· 1, 13
Scherzer ···45, 47, 106, 112, 114, 120
Seneca ·········· 11
Sommerfeld ·········· 68
Takayanagi ·········· 50
Thomson G. P. ·········· 43, 69
Thomson J. J. ····1, 41, 57, 63, 64, 67
Tonomura ·········· 69, 124
Ueda ·········· 47

人名索引　　161

Van Dyck ·································· 91
Wentzel ··················24, 25, 74, 128
Whelan ································ 45
Wiechert ······························ 41
Yukawa ···························· 24, 128
Zeeman ·························124, 125
Zeitler ································ 89
Zernike ···························· 45, 46
Zworykin························ 41, 50, 52

# MEMO

# MEMO

# MEMO

# MEMO

## 著者紹介

田中信夫（たなか のぶお）

| | |
|---|---|
| 1973 年 3 月 | 名古屋大学工学部応用物理学科卒業 |
| 1978 年 3 月 | 名古屋大学大学院工学研究科応用物理学専攻修了，工学博士 |
| 1978 年 4 月 | 日本学術振興会奨励研究員 |
| 1979 年 7 月 | 名古屋大学工学部　助手 |
| 1983 年 3 月 | 米国アリゾナ州立大学　客員研究員 |
| 1990 年 4 月 | 名古屋大学大学院工学研究科　助教授 |
| 1999 年 4 月 | 名古屋大学大学院工学研究科　教授 |
| 2002 年 4 月 | 名古屋大学理工科学総合研究センター　教授 |
| 2006 年 4 月 | 名古屋大学エコトピア科学研究所　教授 |
| 2012 年 4 月 | 名古屋大学エコトピア科学研究所　所長 |
| 2015 年 4 月 | 日本顕微鏡学会　会長 |
| 現　　在 | 名古屋大学名誉教授，(財)JFCC 客員主管研究員 |

| | |
|---|---|
| 専　　門 | ナノ科学，電子顕微鏡学，電子回折学 |
| 著　　書 | 「電子線ナノイメージング」(内田老鶴圃)，"Scanning transmission electron microscopy for nano-materials"(Imperial College Press), "Electron nano-imaging"(Springer) |
| 趣 味 等 | 合唱，テニス，旅行 |
| 受 賞 歴 | 1991, 2003, 2018 年　日本顕微鏡学会論文賞 |
| | 1995 年 5 月　日本顕微鏡学会賞 |
| | 2005 年 4 月　日本金属学会論文賞 |
| | 2007 年 3 月　米国高分子物理論文賞 |
| | 2014 年 4 月　科学技術分野の文部科学大臣表彰科学技術賞(開発部門) |

---

*基本法則から読み解く 物理学最前線 20*

## 走査透過電子顕微鏡の物理

*Physics of Scanning Transmission Electron Microscopes*

2018 年 8 月 15 日　初版 1 刷発行

| | |
|---|---|
| 著　者 | 田中信夫　ⓒ 2018 |
| 監　修 | 須藤彰三<br>岡　真 |
| 発行者 | 南條光章 |

### 発行所　共立出版株式会社

東京都文京区小日向 4-6-19
電話　03-3947-2511　（代表）
郵便番号　112-0006
振替口座　00110-2-57035
URL http://www.kyoritsu-pub.co.jp/

| | |
|---|---|
| 印　刷 | 藤原印刷 |
| 製　本 | |

検印廃止

NDC 460.72, 535.83

ISBN 978-4-320-03540-9

一般社団法人
自然科学書協会
会員

Printed in Japan

---

**JCOPY** ＜出版者著作権管理機構委託出版物＞
本書の無断複製は著作権法上での例外を除き禁じられています．複製される場合は，そのつど事前に，出版者著作権管理機構（TEL：03-3513-6969, FAX：03-3513-6979, e-mail：info@jcopy.or.jp）の許諾を得てください．